REN YU HUAN

绿色禾米与
生活习惯

刘芳 主编

"人与环境知识丛书"是一套科普图书，旨在通过
介绍与人类生产、生活以及生命健康密切
相关的环境问题向大众普及环境知识，
提高大众对环保问题的重视

时代出版传媒股份有限公司
安徽文艺出版社

图书在版编目（ＣＩＰ）数据

绿色未来与生活习惯 / 刘芳主编. — 合肥：安徽
文艺出版社，2012.2（2024.1重印）
（时代馆书系·人与环境知识丛书）
ISBN 978-7-5396-4002-0

Ⅰ．①绿… Ⅱ．①刘… Ⅲ．①节能－青年读物②节能
－少年读物③环境保护－青年读物④环境保护－少年读物
Ⅳ．①TK01-49②X-49

中国版本图书馆 CIP 数据核字(2011)第 248061 号

绿色未来与生活习惯
LÜSE WEILAI YU SHENGHUO XIGUAN

···

出　版　人：朱寒冬
责任编辑：姚爱云　　　　　　　装帧设计：三棵树　文艺

···

出版发行：安徽文艺出版社　　www.awpub.com
地　　　址：合肥市翡翠路 1118 号　　邮政编码：230071
营　销　部：(0551)3533889
印　　　制：唐山富达印务有限公司　电话：(022)69381830

···

开本：700×1000　1/16　印张：10　字数：153 千字
版次：2012 年 2 月第 1 版
印次：2024 年 1 月第 6 次印刷
定价：48.00 元

···

（如发现印装质量问题，影响阅读，请与出版社联系调换）

前　言

　　一说到节约，同学们可能会联想到什么字眼呢？抠门？小气？如果是这样的话，说明你们的想法已经不符合现代社会的潮流了。

　　人类在现代化的进程上走得越来越快，物质生活也越来越丰富，但是，你可知道，这些都是建立在对地球资源消耗的基础上的？而其中很多资源，如水、石油、煤炭等都是非再生资源。就拿我们国家来说，我国的国情是人多而物不博。我国的资源总储量居世界第3位，但人均占有量只排在第53位，仅为世界人均占有量的1/2。如水资源，我国的人均占有量仅仅是世界平均水平的1/4。据专家估计，到2030年，中国的人均水资源占有量为1700立方米，可能要被列为严重缺水的国家。而目前我国已经是缺水国家，2009年年初我们遭遇了五十年来一遇的旱情，据农业部统计，全国有43%的冬小麦遭受严重影响！另外，在45种重要的战略性资源中，到2020年，我国将会有9种严重短缺，有10种短缺。但是，与资源短缺现象同时存在的，是资源利用效率低，浪费现象普遍存在，环境污染严重。

　　比我们国家发展得早、发展得快的西方国家，比较早地意识到资源短缺的危害，他们从政府到每个公民，都有比较强的节约意识，采取了很多办法来节约资源。2005年，我国政府提出了加快建设节约型社会的方针，并从很多方面采取措施，减少对资源的浪费。2007年召开的中国共产党第十七次全国代表大会，更是提出要建设资源节约型、环境友好型社会。

　　建设节约型社会是我们每个人的责任。在这新的世纪里，我们更是要继承和发扬中华民族勤俭节约的传统美德，从自己做起，从身边的小事做起，

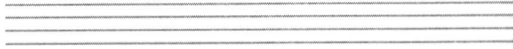

节约一张纸、一度电、一滴水、一滴油、一粒米、一块煤……聚沙成塔，集腋成裘。节约并不难，只是需要我们多留点心，多动下手而已。让我们养成节约的好习惯，为建设节约型社会作出自己的一份贡献！

本书将为大家介绍普通生活中最常见的节约方法。这些方法通俗易懂，简单易行。希望同学们看了以后，可以和爸爸妈妈以及亲戚朋友一起分享，大家互相鼓励，坚持下去，节约型社会就在大家的行动中到来！

人与环境知识丛书

目 录

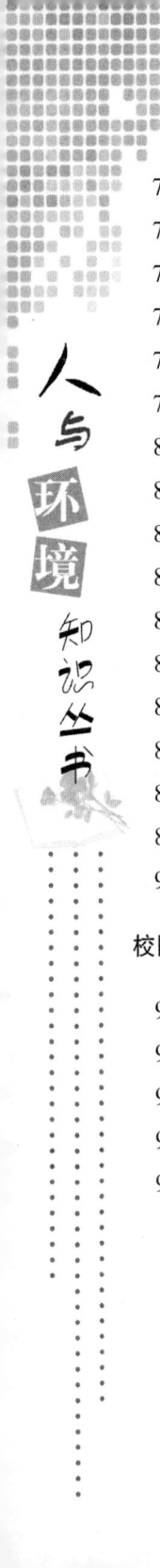

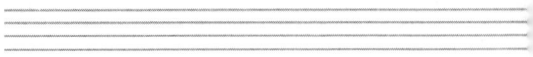

客厅、书房篇

除了外出上班、上学、旅游、办事，我们大部分时间都是在家里度过的。家庭是消耗资源最多的场所之一，我们的吃喝拉撒睡，无一不在消耗着资源。就从电力资源来说，据国家的权威部门统计，家庭用电已经占全社会用电的12%左右。其中，我们家里的冰箱、空调、电视、电热水器就占了家庭用电总量的80%以上。家庭是社会的细胞，只有每个家庭都有节约意识和节约措施，才能使建设节约型社会落到实处。我们要肩负起对社会的责任，多留心、多动脑、多动手，让节约从家庭开始。客厅、书房是我们在家时停留活动最多的地方，因此，我们的节约就从客厅、书房说起。

① 举手投足轻松节电

首先，节约用电的观念必须从家庭生活中开始培养，只要有节电意识，比如随手关灯、关电器等，就能在举手投足之间轻松节电。

夏天气候炎热，家家都要开空调，但如果把空调温度提高1℃，将空调温度设定为26℃，这样既节约用电，又不影响人体感觉的舒适度。专家算了一笔账：按夏季空调每天运行10小时计算，一户家庭每天可节电0.5度，每个月即能节电15度。此外，空调每清洗一次，可节能4%～5%。

室内照明如使用节能灯，不仅可节能75%，其效率和使用寿命更是白炽灯的5～8倍。如果每个家庭都能做到随手关灯、关电器，相当于节省了一盏30瓦的长明灯的电能，1个月能节电18度。

彩色电视机的最亮状态比最暗状态多耗电 50%～60%，若将它的亮度调低一点，一般可节电 10%。用遥控器关闭电视机后，机器处于待机状态，一般待机耗电量为 6～8 瓦，看完电视关掉电源就能避免待机状态时的耗电。

洗衣机有"强洗"和"弱洗"的功能，"弱洗"反而费电，"强洗"不但省电，还可延长洗衣机的使用寿命。

使用电风扇时，扇叶越大的功率越大，耗电越多。同一台电风扇的最快挡与最慢挡的耗电量相差约 40%，在快挡上使用 1 小时的耗电量可在慢挡上使用将近 2 小时。因此在风扇满足使用要求的情况下，尽量使用中挡或慢挡。使用冰箱时，减少打开冰箱门的时间和次数也能节电。

② 灯具节电小窍门

猜猜家里最多的耗电设备是什么？对，是灯具。家里每个房间至少有一盏灯，有的房间还不止一盏。而且灯具因不同的用途而名目繁多，吊灯、壁灯、吸顶灯、射灯，还有专门用于室内装饰的艺术造型灯。有的人家里的灯价格不菲，亮起来那真是富丽堂皇，你可知道，这样的灯耗电量也是相当惊人的，因此，灯具的选择也是节约用电的一项重要内容。

家中使用的照明灯具应该尽可能选用亮度高、功率小的节能灯具。

家中现有的白炽灯（包括吊灯、壁灯、长明灯等），如果不需要高亮度，可以在电路中串入一个整流二极管，这样可以省电 40% 左右。

为夜间使用方便，卫生间灯具往往保持开启状态。卫生间安装感应照明灯具，可有效节电。

装修时尽量不要选择太繁杂的吊灯，在居室设计中不要布置过多的射灯，而且最好不要购买纯粹装饰用的艺术灯，用盆景或艺术品替代艺术灯同样可以获得美的享受。

尽量为每盏灯设置开关，以便灯具可以单开单关，避免不必要的用电浪费。

合理设置照明灯具的高度和位置，将一般照明和局部照明结合起来。保持灯泡及照明器具的清洁以免影响亮度。如 20 瓦的日光灯，若装在 1 米高处，照明度是 60 勒克斯，0.8 米高处则是 93.75 勒克斯，高度适当降低可节约用电。

充分利用室内受光面的反射性能，能有效地提高光的利用率，因此，家里主要起居室的天花板和墙壁应该尽可能选用乳白色等浅色、高反光率的装修色调（比如白色墙面的反射系数可达 70%～80%），通过这样来增加光线的漫反射效果，使房间更明亮。

如果你的写字台紧贴着墙面放置，台灯与桌面的距离为 20 厘米，而墙面是白色的，利用墙面的反射，可以比深色墙面的环境更明亮。

楼道照明尽量采用声控节电装置。

提示随手关灯的卡通标语

灯具过脏也会增加耗电，所以灯具应该至少每 3 个月清洗一次。灯具长时间不清洗，容易使灰尘聚积在灯管上，影响光输出效率。耗费相同的电量，照明度却明显下降，其实也是浪费，所以要定期擦拭灯具灯管。

最后，要养成良好的习惯，房内无人时应记住熄灯，出门之前检查一下灯是否都关掉了；看电视时，只亮一盏瓦数低的灯，既能节省电能又能保护视力。养成在家随手关灯的好习惯，每户每年可节电约 4.9 度，相应减排二氧化碳 4.7 千克。如果全国 3.9 亿户家庭都能做到，那么每年可节电约 19.11 亿度（节电数×户数 = 4.9×3.9 亿 = 19.11 亿度，4.7×3.9 亿 = 二氧化碳×户数），相应减排二氧化碳 1833 万吨。

③ 节能灯的使用

目前推广的节能灯具，一般可节电 20% ~ 30% 左右。如果把白炽灯改成节能灯，在同样的亮度下用电量可以减少到原来的 1/5，而且使用寿命是白炽灯的 6 倍以上。一盏 11 瓦的节能灯的照明效果，顶得上 60 瓦的普通灯泡，而且每分钟比普通灯泡节电 80%。如果全国使用 12 亿盏节能灯，节约的电量相当于三峡水电站的年发电量。据估计，若全国每年有 10% 的照明更新为节能灯，全国一年可减少二氧化碳排放约 254 万吨。

注意一定要使用正规厂家生产的高质量的节能灯具，不能贪图便宜，买了价格极低的灯，用不久就要换，钱也没有省下来，还搭进去不少时间，给自己造成不必要的损失。也可以用自镇流荧光灯代替白炽灯，细管径双端荧光灯代替粗管径双端荧光灯。一盏 5 瓦的自镇流荧光灯的照明度相当于 20 瓦白炽灯的亮度，16 瓦的自镇流荧光灯可相当 60 瓦的白炽灯。

尽量减少开关灯的次数，特别是节能灯。节能灯启动时是最耗电的，每开关一次，灯的使用寿命大约减少 3 小时，所以晚上开灯后，如果又要出门，2 个小时内就能回来的话，就不必关灯。而且节能灯是开后时间持续越长就越明亮越省电，所以，厨房灯具、走廊内感应式灯具，这些需要开关频繁的场所不合适使用节能灯。

如果家里的吊灯是花型的，可以把灯泡全部换成小瓦数的节能灯，并装上一个分流器，在不需要高亮度的时候，只开中间的大灯或者边上的某 1 个或者 2 个灯泡。

④ 日光灯的使用

日光灯也是我们常用的具有节能作用的灯具，如教室里一般都是用日光灯来照明。它具有发光效率高、光线柔和、使用寿命长、耗电少的特点，一盏 14 瓦的节能日光灯的亮度相当于 75 瓦白炽灯的亮度,所以用日光灯代替白炽灯可以使耗电量大大降低。传统的日关灯在相同功率下,灯管细的比较省电。最常用的日光灯一般为 40 瓦,细灯管的亮度约相当于粗灯管的 1.5 倍,需要 3 根粗灯管的场所用 2 根细灯管就能达到同样的亮度,相当于节省了一根灯管的用电。如果按照每个家庭每天使用 3 个小时计算,每年则可以节省 22 度电!

白炽灯和日光灯管在使用到寿命的 80% 时,输出的光束约减为正常时的 85%,灯会越来越暗,但所耗费的电和原来是同样的。因此,日光灯管用过一段时间,两端发黑,亮度减弱时,只要把灯管旋转 180°(就是把两端的两个插脚调个方向)再使用,不但能延长灯管的使用寿命,还能提高亮度。

减少开关次数可以有效延长日光灯管的使用寿命,因为每次开关时峰压和电流对灯管都有很大的损害,相当于已点亮了 3 ~ 6 小时,而一般灯管的使用寿命是 5000 小时。同时要注意,发现灯管忽明忽暗、不停闪烁时就要及时换新的启辉器。

⑤ 不要让电器处于待机状态

不知你有没有这样的习惯,看完电视后用遥控器一关就走人。你注意到没有,电视屏幕下方的电源开关指示灯还亮着,这种状态就是待机状态。待机指的是关闭遥控器而不关闭电器开关或电源。具有遥控开关、网络唤醒、定时开关、智能开关等功能的产品都有待机功能,它的遥控开关、持续数字显示、内部微电脑等功能电路仍保持通电,形成待机耗能。一般来说,每台家电在待机状态耗电为其开机功率的 10% 左右,即每小时约 5 ~ 15 瓦(以下待机功耗均指每小时)。因此,为了节约这部分电能,大部分电器在不使用时都应该切断电源。

据统计,如果平均每台电视每天待机 2 小时,待机耗电 0.02 度,我国电视机保有量按 3.5 亿台算的话,一年的待机耗电量高达 25.55 亿度,相当于几个大型火力发电厂一年的发电总额。空调的待机功耗目前为 5 ~ 10 瓦,按最低功耗 5 瓦计算，如果每天每台待机 20 小时，全年累计待机状态下耗电 36 度多。电脑显示屏的待机功率消耗为 5 瓦，而打印机的待机功率消耗一般也达到 5 瓦左右，下班后不关闭它们的电源开关，一晚上将至少待机 10 小时，造成待机耗电 0.1 度，全年将因此耗电 36.5 度左右。组合音响称得上是待机功耗最大的电器，仅功放的待机功率就约为 10 瓦，CD/DVD 连接功能同时待机的功率与播放时相差无几，均为 50 瓦左右，待机一晚上（10 小时）就消耗 0.5 度电。

如果把城镇居民一般家庭拥有的电视、空调、音响、微波炉等的待机能耗加在一起，相当于开一盏 30 瓦~50 瓦的长明灯。经统计测算，家电普及率较高的城镇居民每户每月家电待机耗电达 20 度~40 度。因此，在我们不看电视、不用空调的时候，多弯一下腰，或者多抬一下手，多使用电器上的开关按钮，直接关闭电器，而不要只用遥控器一关了事。如果全国 3.9 亿户家庭都在用完电器后拔下插头，每年可节电约 20.3 亿度，相应减排二氧化碳 197 万吨。

⑥ 电风扇的使用与节电

虽然现在空调的价格总体下降，但空调耗电量比电风扇大，（电风扇的耗电量仅为空调的 5%~10%）而且很多的老人家在天气不是很热的时候，习惯了只用电风扇。即使在高温情况下，也只是开上一会儿空调，然后关掉，搭配着用风扇吹一吹，所以电风扇仍然是很多家庭的重要家电成员。

电风扇电机的耗电量与负载大小（即电风扇的叶片大小），和电机所加电压成正比，电机所加的电压又与转速成正比。也就是说叶片直径越大，转速越高，耗电量越大。所以在基本满足风量的条件下，应尽可能选用叶片直径较小的电风扇。一般家庭用 230 毫米~350 毫米的台扇或落地扇为宜。

电风扇应该在高速挡启动，达到额定转速后再切换到中速挡或低速挡，这样有利于电机的迅速启动，从而达到节电、保护电机的目的。电风扇的耗电量与扇叶的转速成正比，同一台电风扇的最快挡与最慢挡的耗电量相差约40%，在大部分的时间里，中、低挡风速足以满足纳凉的需要。以一台60瓦的电风扇为例，如果使用中、低挡转速，全年可节电约2.4度，相应减排二氧化碳2.3千克。如果对全国约4.7亿台电风扇都采取这一措施，那么每年可节电约11.3亿度，相应减排二氧化碳108万吨。

电风扇应放在室内相对阴凉的地方，可以将凉风吹向温度高的地方；白天应该摆在屋角，让室内空气流向室外，晚上再把它移到窗口内侧，把室外相对凉爽的空气吹向室内。有的人试过在电风扇前面放点冰块，像开空调一样凉快。可以拿一个深一点的盘子，放上0.5升左右的冰块，最好是小块一点的，然后放在电风扇前面，在一个10平方米左右的房子里，这吹起来的感觉就像开了空调，还不觉得闷。

晚上睡觉前开电风扇的话，要注意调整风吹的方向，不能直接对着人吹，还要使用定时装置，以免睡觉忘记关闭，否则既费电又可能把人吹感冒了。

如果电风扇内部的灰尘积存过量，会出现电路腐蚀甚至漏电、短路的现象，有安全隐患，因此，经常用抹布擦拭扇叶，既能清洁环境还可以节省电能。

⑦ 如何选购空调更节电

空调是夏季家中的耗电"大王"，有的同学一回到家，就马上开空调，而且把空调温度调得特别低，觉得这样才爽快。有时家里空调一开就是一整天，晚上睡觉也不关。痛快是痛快了，但是，你想过这样做的时候电表噌噌直转，多少电能溜走了吗？盛夏用电高峰时期，我国很多地方供电紧张，不得不拉闸限电，给我们的生活造成了很多不便，所以，与人方便，自己方便，只有树立节电节能意识，自觉改正不好的用电习惯，才能为营造节能环保的社会贡献力量。

购买节能空调。一台节能空调比普通空调每小时少耗电0.24度，按全年使用100小时保守估计，可节电24度，相应减排二氧化碳23千克。如果全国

每年 10% 的空调更新为节能空调，那么可节电约 3.6 亿度，减排二氧化碳 35 万吨。

选择有送风模式的空调更省电。现在不少空调都有立体送风功能，它可以上下、左右自动摇摆送风，使室内温度更均匀。因此，就算把空调制冷的温度调高 2℃，也会感觉同样凉快、舒服，这样的空调可以比普通空调节省两成以上的电。

最好购买变频空调。变频空调能在短时间内达到室内设定温度，而压缩机又不会频繁开启，因而能更好地达到省电、降温的目的。有专家指出，变频空调在启动时用电较一般空调要大，但过了这个阶段耗电就小了，而且现在新一代的变频空调还有降温速度快的特点，在达到设定温度后，平稳运行就可省电 30%。以一台普通的 2500 瓦定速空调为例，耗电量为 1 小时 1.3 度，如果冬夏两季共运转 180 天，按电价每度 6 角来算，每年空调用电就需要支出 702 元；如果使用变频空调，至少能省 35% 的电，即每年可节省开支 245 元！

按照房间大小、户型选择空调功率和类型。在选择空调的时候，要考虑到房屋的结构和面积，如果空调过小，房间无法达到设定温度，压缩机将一直处于高速运转中，从而造成电能的巨大损耗。一般来说，10～20 平方米的卧室选用 1000 瓦的空调即可；15～30 平方米的大房间选用 1500 瓦的空调；25～35 平方米的客厅选用 2000 瓦的空调。但是，如果房间朝阳、通风不畅或者是外墙较多，选择的空调功率也应该适当放大。那么，是不是都可以选择功率较大的空调呢？不是的，如果空调的制冷功率过大，就会使空调的恒温器过于频繁地开关，从而导致对空调压缩机的磨损加大，同时也会造成空调耗电量的增加。

空调类型的选择与家里的户型也有关。如果是四四方方的客厅，最好选择噪音较小的分体壁挂型空调；如果是长条形的房间，则应该考虑安装风力更强、送风更均匀的柜机；如果两个房间相邻而且面积相当，还可以选择一拖二型的空调。

⑧ 空调的安装与节电

空调的安装位置与节电有很大关系。

如果墙壁是灰质墙，你可以将墙面进行涂刷装饰，这样既增强灰质墙的隔热性，又可省电数倍。

空调不要放在窗口附近。有的人因为家里空间有限，就把空调安在窗台上，其实这样不利于降低开机率。根据"冷气往下，热气往上"的原理，如果把空调安在窗台上，抽出的空气温度低，等于空调在做无功损耗，当然就费电了。

空调要装在适当的高度。根据冷空气重，热空气轻的原理，空调装得越高，在制冷时需要工作的时间就越长。从省电的角度考虑，空调不宜装得过高。空调室内机装在离地面 1.6 米左右的高度比较合适，因为当冷空气的高度达到 1.6 米时，空调就会自动停机了，而这时人在房间里也能感觉到凉爽了。

空调安装应避免阳光直射。在选择空调的安装位置时应注意，空调不宜安装在阳光直射的地方，以免增加热负荷。如环境不允许，应设置遮阳棚，机身两侧百叶窗必须凸出窗外。安装高度应离地 0.75 米以上，有利于空气在室内循环。另外，空调前面不应有遮挡物，以免影响空气循环。

变频空调的室外机应安装于干燥、通风处，避免日光曝晒或雨淋。变频空调的室外机中设有微电脑控制的变频器，其电路板在高温或潮湿的环境中较易损坏。如果开机后出现室外机自动停机现象，应及早关机，并通知维修单位尽快修理，以免故障扩大造成更大损失。

切忌挡住空调出风口，否则会降低效果，浪费电力。应调节出风口风叶，选择适宜出风角度。冷空气比空气重，易下沉，暖空气则相反。所以制冷时出风口向上，制热时出风口向下，调温效率会大大提高。

连接室内机和室外机的空调配管应该短而且不弯曲，这样制冷效果好并且不费电，即使不得已必须要弯曲，也要保持配管处于水平位置。

不要给空调的外机穿"雨衣"。有的人担心空调外机因雨雪等气候原因造成损坏和锈蚀，就给空调外机披上遮雨的材料。其实品牌空调外机一般已有防水功能，给空调"穿雨衣"反而会影响散热，增加耗电。

⑨ 怎样使用空调更省电

空调温度的设定要合理。专家指出，使用空调时，不宜把温度设置得太低。家用空调夏季设置温度一般在 26℃ ~ 27℃，室内外温差最好为 4℃ ~ 5℃。空调每调高 1℃，可降低 7% ~ 10% 的用电负荷。其实，通过改穿长袖为短袖、改穿西服为便装、改扎领带为松领带，适当调高空调温度，并不影响舒适度，还可以节能减排。如果每台空调在国家提倡的 26℃ 基础上调高 1℃，每台空调每年可节电 22 度，相应减排二氧化碳 21 千克。如果对全国 1.5 亿台空调都采取这一措施，那么每年可节电约 33 亿度，相应减排二氧化碳 315 万吨。适宜的室内外温差还可防止"空调病"的发生。睡眠时应该使用空调的睡眠功能，就是设定在人们入睡的一定时间后，空调器会自动调高室内温度，有的空调定义为经济功能。睡眠时，人体散发的热量减少，代谢量减少 30% ~ 50%，对温度变化不敏感，设置温度高 2℃，可节电 20%。对于静坐或正在进行轻度劳动的人来说，室内可以接受的温度一般在 27℃ ~ 28℃。顺便说一句，开着空调睡觉是不好的习惯，不但费电而且很容易引起面部神经麻痹。因此最好不要通宵使用，可以利用"睡眠"功能，并充分利用定时功能，可以省不少电。空调最忌讳无节制地开关，最好要间隔 2 ~ 3 小时，来保障压缩机不过载，从而延长空调的使用寿命。空调是否省电主要由开机次数决定，因为它在启动时最费电，所以要充分利用定时功能，使空调既不会整夜运转，又能保持室内一定的温度。

清洗空调过滤网可节电。空调进风口过滤网的作用是把进入空调机的灰尘过滤干净，如果过滤网上的灰尘积累过多，会使进入空调的气流阻力加大，增加空调的负荷，自然会使用电增多。一般北方地区的灰尘较多，如果一个月不清洗，过滤网表面积聚的灰尘可能就有 1 毫米厚，如果一台 1000 瓦的空调每天使用 5 个小时的话，耗电大约 5 度，由于灰尘的原因会多消耗 5% 左右的电能，那么每天多消耗 0.25 度的电，整个夏天就会多消耗 25 度左右。同时由于灰尘中可能吸附有各种有害病菌，不利于人体健康，因此，空调应在夏季到来前清洗一次，既节能又卫生。如果过滤网积尘太多，可以把它放在不超过 45℃ 的温水中清洗干净。另外，还应该清洗擦拭制冷器和节水盘，不仅能节约能耗，还可以避免空调滋生细菌；有条件的话，也可以请专业人士定期清洗室内和室外的换热翅片。如果能做到以上这些，可以节省 30% 的电能。

不要频繁开关空调。有的人会认为空调总开着费电，就开一会儿关一会儿，其实这样更费电。为什么呢？因为空调在启动时高频运转，瞬间电流较大，会损耗压缩机，因此千万不要用频繁开关的方法来调节室温。正确的使用方法是：如果室外温度是 30℃，室内温度设定为 26℃~27℃ 就可以了，空调使用过程中温度不能调得过低，温度调得越低，所耗的电量就越大。制冷时室温定高 1℃ 或制热时室温定低 2℃，均可省电 10% 以上，而人体几乎觉察不到这微小的差别。空调运行过程中，如果觉得不够凉，可再将设定温度下调几度，这时空调高频运行时间短，因此可以节电；如果觉得太凉，不要关机，就把设定温度调高就行了。设定开机时，设置高冷/高热，以最快达到控制温度的目的；当温度适宜时，改中、低风，可以减少能耗，降低噪音。

选择除湿功能可省电。空调房内的湿度也与节能有很大关系。有时碰到天气闷热难受，不必将空调温度一降再降，这时可以把空调模式调至除湿状态，让室内湿度降下来，这样即使使相对温度稍高一些，也会让人感觉舒适凉爽。而且如果屋内空气湿度过大，也会增加空调机的工作负荷。另外，"通风"开关不能处于常开状态，否则将增加耗电量 5%~8%，因为常开通风开关会导致冷气大量外流，最好在清晨气温较低的时候把空调关掉，这样既可省电，又可调节室内空气。

冷气对着门口吹最节能。为了提高制冷效果，空调房间的门和窗、天花板和地板等，必须做到最大限度的密封。空调吹出冷气流最好对着门吹，因为这样冷气流可抵制从门而入的热空气。如果空调装在门旁边，那么门开着

时漏入的热空气很快被空调器吹出的冷气带过房间，使房间热负荷增加，冷却效果降低。另外，窗式空调器四周与安装框架之间也必须密封好，以免外界热空气漏进房间里，损失制冷量。

开空调时应该关闭门窗。 开着空调的房间不要频频开门开窗，以减少热空气渗入，减少空调的制冷负担。在使用空调时，可以提前把房间的空气换好，如早上天气凉爽时尽量开窗透气。如果在空调使用过程中觉得室内空气不好，想开窗户，建议开窗户的缝隙不要超过 2 厘米，不过最好还是尽量不要开门开窗。

用完及时拔插头。 在每次使用空调完毕，应该及时把电源插头拔出，或者将空调机的电源插座拔掉，或者将空调机的电源插座改装为带开关的，用遥控器关掉空调机后，应当再将插座上的开关关掉。不然的话，即使空调关机，电源变压器仍然接通，线路上的空载电流不但大量浪费电能，如果遇上雷雨天还有可能造成事故。

出门提前关空调。 在离家前 30 分钟，应将压缩机（由制冷改为送风）关闭；出门前 3 分钟，则应将空调彻底关闭。房间的温度并不会因为空调关闭而马上升高，在这段时间内，室温足可以使人感觉凉爽。出门前 3 分钟关空调，按每台每年可节电约 5 度来保守计算，相应减排二氧化碳 4.8 千克。如果对全国 1.5 亿台空调都采取这一措施，那么每年可节电约 7.5 亿度，相应减排二氧化碳 72 万吨。

科学、健康地使用空调。 过多使用空调既耗能，又会对人体产生不利影响。有的大型办公场所使用中央空调，窗户很少，空气流通不好，在这里工作的人一天 8 小时都是靠空调调节气温，而且温度调得特别低，造成室内外的温差较大。这样对于人体协调体温的自然能力是一种破坏，时间长了就会造成这种功能的紊乱，容易得所谓的"空调病"，常表现为感冒、皮肤病、关节炎和肠胃病等。所以，不要对空调太依赖，热一点，出点汗，充分发挥人体自身的温度调节能力是有利于健康的。

10 空调安装房间的选择与节电

一般来说，并不是每个家庭所有的房间都安装空调，大多数的家庭还是选择在一两个房间，一般是在卧室安装空调。安装空调的卧室应该是空间比较小、背阳的，气密性良好。开空调时，如果是朝阳的房间，要拉上遮阳帘，质地很厚的窗帘，也可以减少冷空气的散失。

如果能用密封条塞住门缝和窗缝，堵住各种管道周围的缝隙，用胶带或填堵材料密封供热管道的焊接处、拐弯处和连接处，都可以节省电能。一般来说，房间应该具有最基本的隔热性能。墙面应该涂刷一层胶质涂料，这样可以增强灰质墙的隔热性。有条件的可在房屋地面增加保温层，增强隔热效果，提高空调的使用效率。对于顶层的住户，夏天强烈阳光直射楼顶，由于热的传导造成屋内温度上升，可以在屋顶架设遮阳黑网，或者种植花草来减少日晒，降低空调的负荷。

11 巧用空调冷凝水

盛夏天气炎热，家家的空调都在夜以继日地工作。但是空调滴的冷凝水"滴滴答答"打在下层住户的遮阳篷上，声音听起来像敲鼓，也是一种噪音；而且排出的冷凝水流到地面上会滋生绿苔、杂草，造成的积水还会滋生蚊子。看起来冷凝水真是没什么用处，这可不一定。

据统计，一台功率为 2 匹的空调在常温制冷或除湿工作时，每天开 6 小时，平均每小时可排出冷凝水 3 升左右，每天就可回收冷凝水 18 升；一个夏天，按使用空调 60 天、每家一台空调（功率为 2 匹，即约 1.47 千瓦）来算，可回收冷凝水 1 吨左右，对于一个中等城市，按全市 60 万户计算，一个夏天可以回收 60 万吨水！所以，节约不是我们某个人的事，而是全社会的事。

空调滴下来的冷凝水在一般条件下是干净无害的，水质较好，酸碱度为中性，与蒸馏水相近，并且是软水，可以好好利用。如果在空调排水管下装一个可乐瓶，装满后再盛入容器内，或者把自家空调的排水管引到屋内，下面接一个空桶，积少成多，可以冲马桶、洗墩布，用来养鱼、浇花，效果更好。空调冷凝水的 pH 值为中性，十分适合养花、养鱼，用于盆景养殖还不易出碱，这真是一举多得啊！

12 冬季家电节电五法

家用电器和人一样，在不同的季节会随着外界温度的变化而需要不同的"待遇"，特别是在冬季和夏季。我们要了解这个特点，"善待"它们，让它们好好地为我们工作。

不要频繁开关。冬季家用电器的工作温度相对于外界环境是比较高的，因此，如果频繁开关，电器内部的元器件就可能在高低温度的不断转换中遭到损坏。

减少温差。冬天，如果家中没有暖气管道、电热气等加热保温设备，就会影响到家用电器的使用寿命。这是因为，如果使用环境的温差太大，即早晨和中午温差特别大，会导致家用电器在使用中产生大量水蒸气，久而久之，会加速元器件的锈蚀，这样很容易导致家用电器损坏。因此在比较潮湿的冬季应注意环境温差，早晚为房间加热，使室内温度保持在一个水平上。

不要靠近热源。冬季里，家用取暖器增多，但是千万要当心取暖器的位置。不要让家电过于靠近取暖器。尤其是冰箱这种常处于开机状态的电器。因为，如果家用电器靠近热源，就会导致家用电器"面向火炉背向寒"，使整机在两种温度下工作，这会使电流、电压失衡，最终损坏电器。

应置于背风处。冬季寒风凛冽，如果家用电器放置在迎风处，必然使其受到寒风的冲击，这样会加速家用电器元器件的老化，缩短使用寿命。这和前面说的"不要靠近热源"一样，都是为了给家电一个良好的运行环境。

不宜冬眠。这主要指电冰箱、冷柜等电器不宜"冬眠"停机。不少家庭在冬季往往使用自然低温保存食物，而停止使用上述家用电器，而这些家用电器停止使用后可能造成其制冷剂凝固，从而导致流路不畅，最终使家用电器"长眠不醒"。

⑬ 电视机的节电方法

电视机是家庭中最常见的电器之一，也是使用最频繁的电器。电视机成了我们的亲密伙伴，通过它我们能了解遥远的地方发生的事情，它给我们带来的欢乐也是其他电器无法取代的。吃过晚饭以后，全家人坐在一起看电视，是最普通和最令人感到亲切的娱乐活动。怎样使用电视机，才能让我们的这个忠实伙伴在给我们带来乐趣的同时又替我们省电呢？

适当控制电视机的亮度和音量。当你收看电视节目时，电视机的亮度和音量要适中，这样既有利于省电，也可以避免视、听觉疲劳，还可以延长显像管寿命。一般彩色电视机的最亮状态比最暗状态多耗电 50% ~ 60%，功耗相差 30 ~ 50 瓦。一台 51 厘米（20 英寸）的彩色电视机最亮时功耗为 85 瓦，最暗时功耗只有 55 瓦。将电视屏幕设置为中等亮度，既能达到最舒适的视觉效果，还能省电。每台电视机每年的节电量约为 5.5 度，相应减排二氧化碳 5.3 千克，如果对全国保有的约 3.5 亿台电视机都采取这一措施，那么全国每年可节电约 19 亿度，相应减排二氧化碳 184 万吨。

看电视时，可以开一盏低瓦数的日光灯，把电视机亮度调暗一点，收看效果好而且不容易使眼睛疲劳。电视机开的音量越大，功耗就越高，每增加 1 瓦的音频，就要增加 3 ~ 4 瓦的功耗，所以只要听得清楚就可以了。白天看电视可以拉上窗帘避光，这样可以相应调低电视机的亮度，收看效果会更好。

给电视机加盖防尘罩。我们在看完电视关闭电源之后，最好稍等一段时间让机器充分散热，然后给电视机加盖防尘罩。这样有利于电视机减少磨损，还可防止电视机吸进灰尘，因为灰尘多了就可能漏电，不仅增加电耗，还会影响图像和伴音质量。

看电视也讲科学健康。由于电视机内的阻燃物在高温时会发生裂变，产生对人体有害的溴化二英，因此看电视时最好房间保持通风状态，或者每隔 1

小时进行 10 分钟左右的通风换气，可以有效降低吸入颗粒物和溴化二英的浓度；不要边看电视边吃饭，这样会加剧溴化二英的吸入。看电视时应该坐在电视机的正前方，最佳距离是电视画面对角线长度的 6 ~ 8 倍；看完电视以后要用温水清洗裸露的皮肤。

电视机的保养小诀窍。经常调整频道，避免因某个频道按键开关频繁而过早损坏；不要用力拔插头，防止机内高频头或线路损坏；雷雨天气不但要拔掉天线插头，还要拔掉电源插头，防止雷击；注意磁场的影响，防止电视机被磁化，影响收视效果；电视机要平放，防止机内线路板变形损坏；注意不要让金属异物掉入电视机，如针、回形针、小钉子、硬币等；避免水进入机内，电视机要远离水盆、花盆、茶杯、暖瓶等。

14 科学地开关电视机与节电

首先，不要频繁开关电视。由于开电视时电流较大，频繁开关电视较耗电。通常开关一次电视的耗电量相当于电视保持工作状态 5 ~ 7 分钟的耗电量。电视机的工作温度一般在 30℃ 左右，如果频繁开关电视机，就会使电视机内部元器件受到高、低温的循环冲击，这样会导致元器件阻值、容抗等参数发生变化，使整部机性能下降，严重的可导致电视机损坏。因此，如果不想看某个节目，可以调小音量和亮度。白天要避免阳光直射荧光屏，可以把电视机放在客厅的阴面，或者放在电视柜中。

其次，关电视不要用直接拔电源插头的办法。因为插头插进拔出时，可使电路时断时续，引起冲击大电流，既耗电能，又易损坏电视机内部零件。正确的开关方法是：先插上电源插头，再打开电视机开关；看完节目后应先关掉电视机开关，再拔出电源插头。很多人习惯用遥控器操作电视，要使用遥控器，电源就必须始终在接通状态下，实际上，电视机插入电源，显像管就会预热，电视机在待机状态下耗电一般为其开机功率的 10%。比如，21 英寸（54 厘米）彩电每天待机 16 ~ 24 小时，那么每月耗电就为 4.23 度，切断电源就可节省约 2.1 元电费。因此，电视机不看时应拔掉电源插头，既省电又安全。

每天少开半小时电视，每台电视机每年可节电约 20 度，相应减排二氧化碳 19.2 千克。如果全国有 1/10 的电视机每天减少半小时开机时间，那么全国每年可节电约 7 亿度，相应减排二氧化碳 67 万吨。

15 收录机的节电方法

现在虽然有了 MP3 等高档便携式音频设备，但收录机仍是家庭的常用电器，很多同学用收录机听盒带学英语，还可以收听新闻和音乐，而且现在很多收录机的换代产品音质很好，体型较小而且美观。

收录机使用时收音和放音音量不宜过大，音量过大不仅会产生噪音、杂音，影响收听效果，而且耗电，还会因为音量冲击过大损坏喇叭，更会影响他人的工作休息。

收录机在不用时应把电源插头拔下，否则机内变压器处于空载状态而耗电，甚至发热，时间长了会对变压器造成损坏。

没有交直流变换开关的收音机、收录机，在使用交流电时，需要取出机内的电池，以免电池充电过度而损坏，加大电耗。

离开房间时间较长要记住把收录机关掉，不要把收录机开着自己去干别的事情，举手之劳节约能源需要将意识变成习惯。

16 台式电脑的使用与节电

电脑真是一个奇妙的好东西，它让我们和广阔的世界联系在一起。我们在生活、办公、学习等各方面都离不开电脑，它能帮我们处理很多的事情。有的时候停电了，很多人办不了公，好像生活也受到了影响，不知道干什么好了。有的家里甚至有两三台电脑，电脑成了家中使用率最高的工具。

电脑的节能首先要从源头做起，就是在我们选择电脑时，首先要注意所选硬件的性能与功耗，在性能相当的情况下选择功耗更低的硬件。

我们在选择电脑硬件时首选拥有能源之星等节能认证的产品。这表示此种产品拥有不错的节电能力，总体来说，能源之星认证过的电子设备比一般设备电力耗费要少1/2左右。在显卡的选择上，平时只上上网、办办公的可以选择集成显卡，集成显卡相对于独立显卡功耗更低。显示器一定要选择液晶的，液晶显示器不仅功耗极低，而且无屏闪现象，让我们的眼睛更舒适。尺寸方面，最好选择19寸的显示器，在60厘米左右的观看距离，19寸是最合适的。相对于22寸、24寸的液晶显示器，19寸的价格更低，功耗更低，更节能环保。在鼠标的选择上，尽量选择更先进的激光鼠标，激光鼠标比传统光电鼠标更节能。在机箱的选择上，应该选择品质上乘、设计合理的大厂产品，用料扎实的机箱可以有效抵挡电磁辐射，保护我们的身体健康。合理的布局可以更有效地把机箱内的热量带出去，热量散出去得快，机箱内各散热风扇就不必全速运转散热，转速也就更低，更安静更节能。电脑的电源也十分重要，它是整个电脑的动力核心，好的电源可以把稳定的电能输送给各个硬件让其健康地工作，而且优质的电源拥有更高的转换效率和更低的待机功耗，有助于节能。

在日常的电脑使用中，有很多节能的使用方法。显示器的亮度设置得低一些。亮度低了显示器的功耗更低，人眼观看更舒适，减轻眼睛的疲劳度，更有助于延长显示器的使用寿命，可谓是一举多得。如果用光盘看电影，我们应该把影片拷贝到电脑上，再从电脑上观看。如果用光驱直接看，电影放多长时间光驱就会工作多长时间，拷贝到电脑也就只是几分钟而已。在使用电脑时，尽量使用硬盘，同时尽量减少光驱的使用，否则一方面额外耗能（光驱使用时耗能10瓦时左右），另一方面也容易磨损光驱。一般来说，现在的CPU和显卡已经配置得很好了，所以我们尽量不用超频硬件，否则会带来更大的功耗。对于常用的光盘，可以用虚拟光驱软件将它备份到硬盘上，一方面由于硬盘速度快，不易磨损；另一方面，在开机后电脑硬盘就始终保持高速运转，不用也一样耗电，因此，能用硬盘的时候就尽量充分使用。

适当降频省电多。使用CPU降频软件降低CPU功耗是最直接的省电方法。如果正在进行上网或者音乐播放，更要进行降频，这样不仅降低了CPU

的直接功耗，还降低了发热量，使系统风扇转得更加缓慢，从而降低风扇的耗电量。

不用的设备先屏蔽。 像光驱、软驱、网卡、声卡等设备如果暂时不用，可以先屏蔽。外置光驱，不用的时候尽量把它拔掉，因为即使没有使用，光驱也一样会消耗电力。打印机、音箱等用时再打开，用完及时关闭。内置无线 WLAN 模块，不使用的时候也应该关闭。

有很多人彻夜不关机，下载电影或电视剧，这个习惯可不太好。如果你住在集体宿舍，电脑开一晚上，那噪音影响大家休息不说，所费的电也不会少。应该合理利用资源，在平时办公、浏览网页、看电影的同时打开下载软件下载，这样晚上就不用挂机下载了，效率更高更省电。

电脑的音箱，要在听音乐或看电影时才打开，同时音量不要过大；在上网和办公时把音箱关掉。用电脑播放音乐时，可以通过将显示器亮度调到最暗或关闭来节能，也可以使用耳机，来减少音箱的耗电量。

电脑要经常保养。 电脑应注意防潮、防尘。因为机器如果积尘太多，会影响散热，显示屏积尘会影响亮度。保持环境清洁，定期清除机内灰尘，擦拭屏幕，这样既可以省电，又能延长电脑的使用寿命。

及时关闭电脑的连接设备。 一般电脑的外部连接设备在不用时，都应该是关闭状态，如打印机在使用时才打开，用完及时关闭，这样既可以节约电器在待机时的耗电，也可以保持电压稳定，防止意外停电、断电造成的电流冲击，延长使用寿命。此外，移动储存设备（U盘、移动硬盘等）更不要长时间插在电脑上，要即用即插，用完拔出，避免长时间连接耗费电能，拔出前要先使用任务栏中"安全删除设备"功能退出设备连接，再拔出。

充分利用省电模式。 长时间不使用电脑时，应该把主机和显示屏关掉。现在的电脑都有绿色节电功能，短暂休息期间，可设置休眠等待功能。设置方法为：在"开始"菜单中选择"控制面板"，双击"电源"选项，在"属性"对话框中选择"电源设置"，便可以设置经过多长时间进入"系统待机"或"系统休眠状态"。这里设置的时间是多少，就决定了不操作电脑时，过多长时间进入省电模式。选择"从不"时，不会自动进入省电模式。设置省电模式后，当电脑在等待时间内没有接到键盘或鼠标的输入信号时，就会进入

"待机"状态，自动降低机器的运转速度（CPU 降低运行频率，能耗降低到 30% 显示器关闭），在被外来信号"唤醒之前"，这种低耗能模式可以将电源使用量降低到 50% 以下。如果在使用电脑的过程中需要经常短暂离开，离开时间为 2~15 分钟的话，开启 3 分钟屏幕保护、5 分钟关闭显示器功能，这样比较省电，也能保护显示器。离开时间是 15 分钟以上的话，最好使用待机功能，等重新开始用电脑时就可以轻松唤醒；也可以使用休眠功能，休眠唤醒后窗口依然保持离开之前的样子。这几种方法都能不同程度地起到节电的作用。

该关都关掉，一个也不能少。在使用台式电脑的时候，先打开主机箱开关，等电脑运转几分钟后，再打开显示器。在关机后一定要记住把电源总开关也关掉，因为不关总电源电脑也会产生少量的待机功耗。可以下载一个自动关机程序，自己设定休眠、关机、关屏幕、网络断时关机的时间。这样在使用电脑时，如果因为出去办事或者忙别的事务忘了关机时，电脑就可以自动保护，非常方便。同时我们也要记得把上网的猫（调制解调器）关掉，不要小看这小小的猫，它也在时刻消耗我们宝贵的电能。

去网吧上网或者在图书馆上网，在离开时应自觉关机。很多人在自己家或办公室可以做到随手关机，可在这种公共场所放眼望去，很多电脑都是开着机没人用。很多人上完网直接走人，根本没有关机习惯，得靠管理员一个一个去关掉。我们应该随时随地保持节约意识。

⑰ 笔记本电脑省电窍门

笔记本电脑与台式机电脑相比，尽管二者的基本构成是相同的（显示器、键盘、鼠标、CPU、内存和硬盘），但是笔记本电脑的优势还是非常明显的。便携性就是笔记本相对于台式机电脑最大的优势，一般笔记本电脑的重量只有 2 公斤多，无论是外出工作还是旅游，都可以随身携带，非常方便，因此，很多人现在买电脑都会考虑买笔记本电脑。

在购买笔记本电脑的时候，要注意挑选省电型的 CPU。笔记本电脑最耗电的部件就是 CPU，人们一般喜欢选择效率比较快、性能比较高的 CPU，但是，你知道吗？性能越高的 CPU 越耗电。如果你的笔记本电脑只是用来看看文件、上上网，选择高性能的 CPU 是没有必要的，只会造成电能的浪费。所以，要根据需要来选择 CPU，够用就行，不必一味追求高性能。再者，最好选择配有 DDR 内存的笔记本电脑。DDR 内存要比 SDAM 内存省电，因为 DDR 内存的工作电压是 2.5 伏，而普通 SDAM 内存为 3.3 伏，所以建议大家购买笔记本电脑时最好挑选 DDR 内存的。另外，有条件的用户可以适当增加笔记本电脑的物理内存，可以把 Windows 对虚拟内存的依赖降到最低，并降低电源的耗用。

尽量少启动硬盘。对于笔记本电脑来说，硬盘是其中比较耗电的部件，只要处于读写状态就会耗电。程序对硬盘的访问次数越多，硬盘就越耗电，所以尽量少启动硬盘，也是省电的方法之一。我们也可以设置硬盘的停止工作时间，以便让硬盘在适当的时间进入停转状态，但是，要注意这个时间的设置要根据自己的笔记本电脑硬盘的使用情况来合理设置。如果把关闭硬盘的时间设置得太短，硬盘可能会频繁启动和停转，这样反而会影响硬盘的使用寿命。另外，养成定期重新整理硬盘上的数据的习惯，这样可以减少硬盘搜索数据的时间，也能节省一定的电量。

可以根据工作性能调整系统功能。通常针对笔记本电脑设计的处理器，会比台式电脑多出"工作性能"功能（有些机种可通过 BIOS 设定，部分机种则会提供专用软件调整），用户可针对目前开启的软件工作性质设定工作性能，比如文字处理工作的系统性能需求较低，就可以把系统工作性能设定在低速模式，即可满足省电与工作的基本需求；当需要用到绘图软件这类较耗系统资源的应用程序时，只需再把"系统性能"切换至"高速模式"即可。一般单靠处理器工作性能来切换，就可比 CPU 在全速工作模式下足足省下近 30% 的电量。

减少光驱的使用次数。光驱也是笔记本电脑中的耗电大户，全速工作下的光驱要比硬盘更加费电，而且也会产生较大的热量。一台连续使用 3 小时的笔记本电脑，如果用电池电力播放 VCD、DVD，原有的电池电力可能只能用 1.5 小时。有的人有事没事都爱打开 CD 或 DVD 播放器放音乐，电池的电

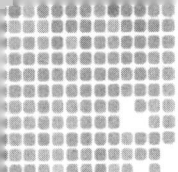

量也随着音乐的播放悄悄地溜走了。当较长时间不使用光盘的时候最好把光盘从光驱中取出来。对于经常使用的光盘，最好的办法是用虚拟光驱软件把它备份到硬盘上，这样做是最省电的。

尽量少接外部设备。任何 USB 和 PC 卡设备都会消耗电能。很多外部设备只要连接在笔记本电脑上，即使不工作也会消耗电量，所以当我们不需要使用这些外部设备时最好把它们取下来。还有一些端口比如打印口、COM 口等，在不工作时也会消耗电量。如果用不到这些端口，最好是在 BIOS 中将其禁用。很多人在使用笔记本时都喜欢使用外接的鼠标，但出于节省电力的需要，最好还是使用笔记本上的自带鼠标，即使要用外接的鼠标，建议大家不要使用光电鼠标，因为它比普通鼠标更加耗电。现在还有一种即使关了机也会亮着荧光灯的鼠标，是挺好看的，但这种好看是以浪费电为代价的，所以最好不要用这种华而不实的鼠标。

不用无线接收装置时要关掉。笔记本电脑只要装上一个无线网卡就可以在旅行中或者外地上网，因此是一个很受欢迎的装置，但你知道吗？这个无线网卡也是一个严重耗用电量的装置。当你没有上网的需要时，应该把无线网卡关闭。如可以移除 Wi－Fi 卡；如果用的是 Centrino 技术的笔记本电脑，可以按下电脑上的手动硬件按钮，在操作前可以参阅笔记本电脑制造商提供的说明，弄清楚手动硬件按钮在哪里。

善于使用电源管理软件。比如 Windows 操作系统，针对笔记本电脑电源模式分别有多种省电设定，用户可针对一般电力供应或是电池供应电力设定LCD、硬盘多久不用即自动关闭，或是计算机多久不用立即进入休眠状态。一些名牌的笔记本电脑，通常会给用户提供一些更加专业的电源管理软件，在配合各自的笔记本电脑使用的时候，往往具有一些特殊的功能。SONY 的专用电源管理程序可以设置散热风扇的运行速度，还可以关闭不使用的 1394 接口以及 MEMORY STICK 插槽，以达到省电的目的；IBM 公司的专用电源管理芯片和程序，可以检测到电池的可充电容量、充放电次数和自动判断电池的状态，如果发现电池的状态不佳就会提醒用户送到 IBM 去维修，可以降低液晶屏幕的刷新率，甚至连 PCI 总线耗电和 CD-ROM 的速度都可以调节，由此来减少耗电；而 TOSHIBA 的电源管理程序可以在电力不足的情况下直接关闭你所指定的任何一个设备。合理使用这些软件就可以更加节省电能。

选择合适的软件。选择在笔记本电脑上运行的软件时，我们不一定要使用一些功能齐全、对系统要求很高的软件，可以选择一些具有相同功能但是对系统要求更低的软件。Word、Excel、Outlook 和文本编辑器都是比较省电的程序。所有 Adobe 的程序、所有 Google 的插件都是耗电能手。玩游戏也非常耗电。WinDVD 比 Windows 媒体播放器好一些。播放 MP3 文件时记得关掉视觉效果。如果我们只需要进行简单的打字工作，就不需要使用 OFFICE XP，它的功能虽然强大，但是对系统资源的要求也更高，同时也就更费电，完全可以使用低版本的 OFFICE 2000 甚至 WINDOWS 自带的写字板和记事本来实现同样的目的，这样就可以大大减少 CPU 和硬盘的使用，同样也是一个省电的好办法。另外，在操作电脑的时候，少开几个程序，做什么事就开什么程序，把其他的关掉，比如 MSN Messenger、Google 桌面搜索、QuickTime、无线设备管理器等，在不需要它们的时候都可以把它们都关掉。

调低屏幕的亮度可以省电。笔记本电脑的液晶（LCD）屏幕也是一大耗电元凶，如果想省电，就选用"低温多晶硅"技术制成的液晶，不仅画面效果更精细，电源消耗也较低。除液晶面板本身的耗电外，位于面板背后的液晶灯管耗电也相当厉害，若想节省电量，只要在视力允许的范围内，把液晶屏幕的亮度调低，这样不仅能够省电，还可以保护我们的视力。如果想调整屏幕的亮度，可以参阅笔记本电脑制造商提供的说明。每台电脑的调整方式略有不同，但一般可以通过使用组合键、功能键或者软件工具来降低屏幕亮度。此外，需要靠马达运转的风扇、硬盘、光驱也相当耗电，如果笔记本电脑有强化省电设计，通常就会在计算机上加省电设计，除了强化系统散热性能，还能减少风扇开启。

温度过高费电多。尽量避免在高温状态下使用笔记本电脑。笔记本电脑由于体积较小，依靠空气自然流动散热几乎是不可能的，当温度过高时，会启动内置的散热风扇来帮助散热。因此，笔记本电脑尽量在通风良好的地方使用，注意不要让杂物堵住散热孔。如果是在家庭和办公室使用，可以准备一块水垫，把笔记本放在水垫上使用。因为水有良好的导热性，可以充分吸收笔记本电脑产生的热量，从而让它保持在较低的温度下工作。

18 如何让笔记本电脑电池省电

笔记本电脑的优点是携带方便，缺点就是使用受到电池的制约，如果是在无法提供交流电的环境下使用，电池的作用就很关键。如何正确地为电池充电，如何让电池尽可能地省电，需要从正确的充电和巧妙地使用电池两个方面注意。

充电的方法。一些配备锂离子电池的笔记本电脑，运用了诸如 SBS 智慧电池系统的技术，能够精确地测量电池寿命，所以使用起来要省心一些。虽然锂离子电池有很多优点，但要延长电池的使用寿命、维持较长时间的供电，还需要掌握一些专业的充电方法。

新买回来的锂离子电池在初次使用时，要进行三次完全的充放电，即电池至少要完全充满一次电，再将电量放尽，重复三次后再使用。以激活电池内部的化学物质，使电池内部的电化学反应进入最佳状态，在以后的使用中就可以随意地即充即用，但要保证一个月之内电池必须有一次完全的放电，这样的深度放电能激发电池的活化性能，对延长电池的使用寿命起着关键的作用。如果超过 3 个月电池未使用，再次使用之前也应同新电池一样进行三次完全的充放电，以确保激活电池。

若使用镍氢电池，要很好地控制充电时间，应注意不要频繁地过度充电，否则会缩短电池的使用寿命。此外，镍氢电池在充电前应该完全放电，在充电时也要充分充电，且在正常使用前，要完成三次完全的充放电。

大多数用户习惯在每次使用笔记本电脑时，都插接上交流电源供电，很少用电池给笔记本电脑供电。其实应该每月至少用电池来供电一两次，将电池完全用光，再接上交流电一次性充满。请记住这样一条，对于充电电池来说，将电量用完再充满，有益而无害，因为笔记本电脑使用的锂离子电池存在一定的惰性效应，长时间不使用会使锂离子失去活性，需要重新激活。当笔记本电脑在室内使用交流电时最好将电池取出，以免使其经常处于充电状态。充电时最好关上笔记本电脑，使电池能够完全充满电，不要在充电中途拔掉电源。充电完毕，应该在 30 分钟后使用。

另外，由于电池中的电量很容易耗尽，大多数笔记本电脑又只有一块电池，因此，部分电脑厂家开发了快速充电的功能，让用户在电量耗尽后可以用最快的速度补充电能。例如 Dell 的笔记本电脑就具备 Express Charge 功能，可以在 1 小时内充电 90% 以上。为什不是 100% 呢？因为根据锂电池的充放电特性，如果经常快速充电到 100%，电池的寿命就大大缩短，所以后面的10% 会由之前的快充改为慢充来延长电池使用寿命。

对于没有这种功能的普通笔记本电脑来说，最好的办法就是关机充电，关机充电会比开机充电缩短 30% 以上的充电时间。

快速进入休眠状态。暂时不使用笔记本电脑时，为节约电池能量，我们可以设置电源管理方案，使系统在一段时间后进入休眠状态，但这要等上几分钟，有没有办法使笔记本电脑系统马上进入休眠状态呢？一个简便的方法，就是直接关闭显示屏。按下显示屏只是举手之劳，就可以使笔记本电脑马上进入休眠状态，有效地节约电池的耗电量。当需要再次使用的时候，只要打开显示屏，系统就会自动回到操作前的状态。

屏幕节电方式。液晶屏幕是笔记本电脑中耗电最大的部件，为了在使用电池的时候减少它消耗的电能，笔记本电脑厂家各出奇招，不过一般来说都是采用降低屏幕亮度，甚至是关闭屏幕的方法。在部分笔记本电脑的电源管理设置中可以自定义屏幕的亮度。大多数笔记本电脑可以通过特定的快捷键调节屏幕的亮度，一般都有 6 ~ 8 级的亮度调节。

⑲ 上网节电有妙招

说到电脑自然要联系到上网，这是我们用电脑来连接外部世界的途径。通过上网我们可以了解很多知识，甚至结识新朋友。网上虚拟世界的诱惑实在太大了，以至于很多人都有这样的感觉，一上网东看看西看看，时间一下子就溜走了，觉得时间过得太快了。除了用宽带上网是固定收费以外，用电话线上网和在网吧上网都要按时间收费，因此，随着时间飞走的还有我们的金钱，那么，在上网的时候怎样节省费用呢？

要充分利用书签功能，这样可以节省输入网址的时间。可以根据自己的爱好和需要，创建若干子书签夹，这样便于分类搜索。具体操作是打开书签编辑窗口 go to Book-marks，再按照需要在子书签夹下建深层书签夹。此外，还可以利用属性对话框，将其名称改为便于记忆的文字。

最好把你学习和工作中最需要和最感兴趣的内容及它们都在哪些网站中能够链接到，都记下来，这样，下次再用这些内容的时候就不至于到处乱查而浪费时间。

当你在网上浏览了很多内容以后，突然又想回到起始或曾经到过的站点时，如果返回一一寻找就要浪费很多时间，这时你可以点按"地址"的下拉按钮，在下拉菜单中，就有你本次上网到过的所有站点。

由于图形传输总比文字传输慢得多，因此，你在打开一个网页时，估计文字传输得差不多了，不必等这个网页的文图内容全部显示在屏幕上，就按下"停止"按钮，从中查找你要链接的网页，这样就省去了很多不必要的图形传输时间。

篇幅较长的文章，可先将其存盘，下线后再细细阅读。

发送的电子邮件内容较多时，可以在上线前写好，上网后利用"附件"发出。

参加离线讨论，多用离线浏览器，可以在离线浏览情况下获得大量的网上信息。

上网时间最好避开高峰期。一般凌晨 3~6 点是上网的最佳时间，这段时间网速快，白天由于"塞车"有些站点进不去，而这段时间就可以方便地进入了。

20 电子手表和闹钟的选购、保养

电子手表的选购保养

一说到时间，自然会联系到手表，戴着一块手表等于把时间随时带在身边，它会时时提醒你珍惜时间，注意效率，手表成了我们学习、生活中的好伴侣。作为中学生，不需要戴那种名贵手表，也不合适戴需要天天上发条的机械表（因为一旦忘了上发条，表就会"罢工"），最适合我们戴的就是将时间以数字方式显示出来的电子表。平常怎样注意保养我们的这个"伙伴"呢？

电子手表的电池是它的"动力"所在，一般可用1年以上，不过照明灯耗电量大，开亮1秒钟所耗电量相当于计时用电1小时以上。电池的电快完时，灯光会变暗淡，或在开启时数字显示变暗甚至消失。更换电池时，如果自己不懂修表技术，应送修表店安装。而且电池规格没有标准，各种牌号电池很多，不能随意采用。

电子手表对温度是有要求的。在温度25℃~28℃时，一昼夜计时误差在一秒以内；当温度至0℃以下或50℃以上时，每昼夜会慢两秒钟。同时当温度高达60℃时，液晶板会变黑；温度降到0℃以下时，液晶板就会失去显示作用。因此到了冬季，电子手表只能戴在手腕上，靠人体的恒温来保持它的正常计时。当电子表靠近含热过高的物体或者是在温度较低的时候，是极易损坏的。高温和过低温还会造成电池漏液，腐蚀机芯。

选购的时候要注意：电子表的显示板上不应有明显的污点、划痕，非显示部分不应有明显的黑点，边缘部分应无大块发黑现象；显示的数字应清晰，反差愈大愈好，不应有严重的闪动。可用慢动作逐一检查秒、分、时、日、月等显示数字，看笔画是否完整，是否有漏数和错数现象，数字变更是否有先有后；试揿按钮应轻松灵活，过松或过紧均属劣品。

使用电子手表要注意：按钮不能用力过猛，以免失灵；液晶板使用五至七年需另换新的；电池无电要及时取出，以免流液腐蚀机芯。发现灯不亮、按钮失灵、计时突然有较大误差时要及时修理，可能是元件焊点接触不良或脱掉了。

电子手表，特别是数字式电子手表，防水性能一般较差。电子手表的结构与机械手表不同，都是电子线路和电子元件，万一进了水，就会是"灾难性"的，使整只手表报废。特别是液晶板和集成线，即使是受了潮，时间一长也会出现故障。因此，洗脸、洗澡、游泳、洗衣服时最好把表摘下来。下雨时要防止溅上雨水。如果发现电子手表进了水，或表蒙子内壁聚有水气，应立即送修表店进行除水、排潮处理。尽管有的在说明书或后盖上印有"防水"字样，也要尽量避免与水接触。

电子表的表带连接处容易损坏，为避免这样的情况发生，不要经常把电子表配搭于手腕的长度弄得很紧，这样损坏度会大大增强。

有的人喜欢晚上睡觉时还戴着表，这个习惯很不好。一方面手腕由于表带的箍压会影响血液循环，对身体有不利影响；另一方面如果手表是夜光的，也会给身体带来不利影响。这是因为夜光表的指针和刻度盘上涂的发光材料，主要是镭和硫化锌的混合物，镭放出的射线能激发硫化锌晶体发光，睡觉时，如果戴着表，人体就会受到八至九小时的镭辐射，对人体有一定危害。因此，睡觉前，最好把夜光表取下来，放到桌子上。

手表蒙被划出很多道纹以后，影响观看时间和美观，可以在表蒙上先滴一二滴清水，再挤一点牙膏擦涂，就可以把划纹去掉，表蒙如新了。

闹钟的选购、保养

闹钟几乎是每个中学生家庭的必备之物，每天晚上很多同学睡前要做的一件事情就是给闹钟定铃，早上忠实的闹钟会负责叫人起床。那么闹钟的选购、保养有哪些窍门呢？

首先看一下闹钟外表是否完好，有无划痕、碰伤、掉漆、电镀脱皮等毛病。如果没有问题，再按以下顺序检查：先看闹钟的灵敏度如何。方法是：轻轻旋一圈走时发条钥柄，这时秒针开始走动，说明灵敏度好。第二看闹时是否准确。方法是：旋两三圈闹时发条钥柄，把闹钟拨到任意数字上，再把时针拨到闹钟指示的时间，如准时响铃，说明闹时准确。然后，用手移动或按入止闹揿头，铃声应立即停止；接着上一下闹时发条，止闹揿头应自动恢复原状。然后看秒针、分针、时针是否互碰，或者碰玻璃。秒针可看它走一圈的情况，分针和时针需要拨动检查。最后，把走时发条上满，正放、侧放、面朝上，面朝下，"滴"、"嗒"之声应基本相同，声音清脆，不能有杂音或停摆现象。如果以上几个方面都没有问题，说明质量良好，你就可以放心购买了。

使用的时候要注意，闹钟有走时和闹时两根发条，闹时的准确性是建立在走时的准确性基础上的。因此，走时发条应每隔 24 小时上足一次，并对时。上发条时，用力要均匀，不要过猛。到了不能转动时，千万不要再硬拧一次。如是日历闹钟，遇到要调整日期时，可拨钟壳背后的旋盘，旋足一齿，便翻过一字，注意旋的方向只能上，不能下，否则易损坏机件。

闹钟的保养除了与一般钟表类似外，还要注意不要放在灰尘多或潮湿的地方，因为闹钟一般密封性能较差，易受灰尘影响。此外，最好用木盒或玻璃罩罩上。

如果闹钟发生故障，自己不要拆装，因为闹钟结构较一般钟表复杂，弄巧成拙会造成更大的损失。

21 眼镜的保养

由于学习特别紧张加上不注意用眼卫生，很多同学刚进初中就不得不戴上眼镜，眼镜和书本、笔一样成了上学的必备工具。一副眼镜的价格最便宜也得几十块上百块，甚至还有几百块的，而有的同学不注意爱护自己的眼镜，一学期就会因为摔坏眼镜而更换多副眼镜，浪费了很多钱。怎样保养自己的眼镜呢？

框架眼镜

眼镜的摘戴。请用双手拿住镜腿沿脸颊两侧平行方向摘戴。若用单手摘戴会破坏镜架平衡，引起变形。折叠镜框应从左边开始，大多数的镜框都是按从左镜腿开始折叠设计的，所以如果先折右镜腿，很容易造成镜框的变形。如果是暂时性放置眼镜，请将眼镜的凸面朝上，若将凸面朝下摆放眼镜，会磨花镜片。不要使用已出现划痕、污点、裂纹等情况的镜片，否则会因光线散色导致看东西不清楚，引起视力下降。擦镜片的时候，使用清洁的专用拭镜布，注意务必用手托住擦拭镜一侧的镜框边丝，轻轻拭擦该镜片，避免用力过度造成镜框或镜片的损伤。镜片沾上灰或脏东西时，干擦容易磨花镜片，建议用清水冲洗后用纸巾吸干水分后用专用眼镜布擦干；镜片很脏时，建议用低浓度的中性洗剂清洗，然后用清水冲洗并擦干。

不戴眼镜时，请用眼镜布包好放入眼镜盒。保存时请避免与防虫剂、洁厕用品、化妆品、发胶、药品等腐蚀性物品接触，否则会引起镜片、镜架劣化、变质、变色。镜架变形会给鼻子或耳朵造成负担，镜片也容易松脱。建议定期到专业店进行整形调整。

剧烈运动时不要戴眼镜。树脂镜片受到强烈冲击有破碎的可能，易造成眼睛和面部损伤，建议不要在剧烈运动时使用。

不要在高温下（60℃以上）长期放置眼镜。高温容易导致镜片变形或镜片表面的膜层容易出现裂纹，所以不要把眼镜放在驾驶室前窗等阳光直射或高温的地方。

如果镜片湿了要立刻擦干，若等自然干，水垢就会变成污点难以拭擦干净而且看东西不清楚。当镜片附上汗迹、果汁、喷发剂（胶）、化妆品等东西时，要马上用水清洗、擦干，否则会因不及时处理引起脱膜。

隐形眼镜

隐形眼镜由于方便以及不影响美观等优点受到年轻人的欢迎，但是，把两片镜片直接放在眼眶里，这对我们娇嫩的双眼是很大的考验。所以佩戴隐形眼镜对镜片的清洁度要求很高，清洁保养没做好，污垢堆积在镜片上，不仅减少镜片使用寿命，也会对眼睛造成难以恢复的伤害。

在清洁镜片时一定要用手搓洗镜片。如同一件脏衣服若没有经过搓洗，直接丢入洗衣机，是无法去除顽垢的道理一样，隐形眼镜一定要经手搓洗30秒以上，才可达到清洁效果。研究报告指出，由手搓洗镜片，比任何机器更能有效去除镜片上的杂质及沉淀物。另外，自来水或开水没有清洁消毒作用，不可用来清洗隐形眼镜。

每1~2年更换新的隐形眼镜。再完美的清洁保养方式，也会使少许微生物残留在镜片上。即使不常使用，镜片材质过1~2年后，自然变得老旧，此时应丢弃换新，以免伤害眼睛。

镜片不可放在生理食盐水中保存。生理食盐水没有杀菌作用，用来保存镜片，容易滋生细菌，造成眼睛的感染。不同品牌的隐形眼镜，不可交互使用。因为各品牌药水种类成分不同，不可混合使用或随意更换，以免起化学作用，伤害镜片。其实，到目前为止，眼科医师均认为，并没有任何一种隐形眼镜药水是完全没有副作用的。

加热消毒法不会造成化学药剂残留的副作用，但加热方式易缩短镜片使用寿命；多功能药水简单方便，双氧系统的杀菌力最强，但是两者的清洁功能较差。传统式清洁、冲洗、浸泡分开使用药水的方法虽然麻烦，却是目前医师认为较安全的清洁保养程序。

每周定期去蛋白

蛋白质吸附在镜片上，日久会形成一片厚墙般的膜，易刮伤眼角膜。酵素片的去蛋白作用，可以分解蛋白质结构，维持镜片表面的清洁。当然，去蛋白酵素片并非浸泡愈久效果愈好，最好不要浸泡超过 12 小时，因为经分解后的蛋白质重新渗入镜片，牢牢吸附，届时更难清洗。

药水也有使用期限。药水拆封后，最好在 4 个月内用完或丢弃换新，以免药水变质。生理食盐水拆封后，因不含防腐剂，使用期限最好不要超过 1 个月。

隐形眼镜佩戴前，先用生理食盐水冲洗。因为隐形药水多为化学制剂，直接戴在眼睛上容易刺激眼角膜，最好先用生理食盐水冲干净再戴。

隐形眼镜不可以长期浸泡在药水中。长时间浸泡，药水失去消毒能力，还原成为普通水，反而变成滋生细菌的温床。通常 2 天要更换一次新的浸泡液，但有些药水可以密闭保存 1 星期，需视药水本身的成分而定。佩戴前一定要重新消毒清洗一遍。

定期更换隐形眼镜的保存盒。每天都应该冲洗清洁保存盒及放置镜片的篮子。此外，每周用热水烫一下保存盒，然后用中性洗剂清洁，晾干，半年左右换一次保存盒和镜片篮。这些东西最好不要放在浴室，避免因为潮湿而发霉。

只要眼睛有发红、畏光、流泪等不适情形，最好立即取下隐形眼镜，并且带着隐形眼镜一起去接受医师的检查，看看是哪里出了问题。隐形眼镜族的眼角膜通常比较脆弱，大部分的人都是拖到视力模糊时才去就诊，这时视

力已经受到严重损伤。

22 如何延长 MP3 的使用寿命

MP3 是很多青少年喜爱的数码产品，可以用来学习英语，还可以用来听自己喜欢的流行歌曲。怎样延长 MP3 的使用寿命呢？

首先，在购买的时候，注重品质和性能。目前数码产品市场中，MP3 种类众多，价格差异也很大，从一百多元到几千元不等。有不少消费者为了省钱，以为挑个凑合能用的就行，买便宜的。但是，从性价比上来说，不能只图便宜，要注重质量，这会让你省时间省麻烦。当然，也不能只看品牌广告方面的知名度，关键要了解这个品牌是否拥有自己的 MP3 生产厂，这个生产厂是否规模大而且设备先进，如果这两个答案都是肯定的，就可以放心购买。

在购买的时候也不要迷恋于彩屏 MP3 的视屏播放功能。许多 MP3 现在都可以播放特定压缩格式的电影文件，可是由于 MP3 屏幕大小的限制，效果十分不如意。而且如果是从 DVD 或者 RMVB 格式转换压缩格式的视频文件，大部分情况下字幕也是无法显示的，同时 MP3 视频除了暂停功能没有任何控制功能，在收看上十分受限。因此，你为了这项功能而多花了不少钱，却可能达不到让你满意的效果。

对于使用充电电池的 MP3 来说，每个月至少要将电量全部耗尽一次，然后充满，这样能保持电池活性，延长它的使用寿命。

如果不是特别偏好音效，就尽可能少用 EQ 模式，因为这会加重解码芯片的负担。要善于使用播放列表功能，把您喜欢的歌曲花几分钟做成列表，免去反复 next 的操作。

调整背光时间。背光时间定在 10 秒左右比较适合，这样可以节约电能。如果您外出郊游，光线良好，可以直接设置成"关"。

保持播放器凉爽。MP3 播放器机身温度过高，就会影响电池的连续播放时间。解决办法很简单，只要您少用皮套、海绵套之类的东西就可以了。当然，如果温度过低，电池内分子活性下降也会缩短使用时间，所以，一般来说，保持在 25℃ 左右最为适宜。

锁定播放键，防止误操作。MP3 放在背包中或枕边，因为不小心触动电源开关的事情时有发生，所以您在使用中要锁住 hold 键，防止误操作造成电源白白浪费。

由于 MP3 的压缩率不同，播放时，其耗电流也不尽相同，会相差 10 毫安左右。压缩率较高的耗电流较小，而压缩率较低的耗电流较大。

23 怎样使用干电池更节约

很多的小家电或者便携式的数码产品都需要干电池来提供工作能量，与可以充电反复使用的电池相比，这是一种一次性电池，而且这种电池用完后会对环境造成污染，所以一方面我们要尽量少用，另一方面用的时候要尽量"物尽其用"，不造成浪费。在选购电池时，要查看电池的外观、生产日期、保质期等。由于电池中的汞对环境有害，为了保护环境，在购买时还应选用商标上标有"无汞""0% 汞""不添加汞"字样的电池。

如何保存干电池。家用干电池，若暂时不用，保管不善就会出现漏电现象。在电池的负极上涂一层薄薄的蜡烛油，然后搁置在干燥处，则可有效地防止漏电。如果把干电池包在塑料袋中放入电冰箱里保存，可延长其使用寿命。手电筒不用时，可将后一节电池反转过来放入电筒内，以减慢电池自然放电，延长电池使用寿命，同时还可避免因遗忘使电池放完电，电池变软，锈蚀手电筒内腔。

电池可以循环使用。像数码相机、电动玩具更换的电池，放到耗电量较小的收音机、随身听里，还可以用很长一段时间。等到电池不能维持收音机的正常工作时，还可以把它放在闹钟、遥控器等不需要太多电量的小电器里。这样，两节电池就可以在不同的电器里工作几个月，物尽其用。

新旧电池切勿合用。如果把新旧电池接在一起用，旧电池内的电阻实际上成了电路中的另一个电器，会把电白白消耗掉，而且要消耗到新旧电池的电压相等时才停止，因此，新旧电池不能合用。同一种型号但不同电化学类

型或牌号的电池也不要混用，否则会使一些电池在使用中处于过放电状态，从而增加漏液的风险。

轮流使用有好处。手电筒、收音机、照相机、电动剃须刀等小型家用电器在使用电池时，可以一次购置3套。在使用之前，每一套都编上序列，每隔10天左右依次调换一次，轮流使用，这种做法可以节电1/3左右。

电池没电的应急妙招。当你正在收听半导体收音机的时候，突然电池电量不足，而手边又没有新电池更换的时候，可以把旧电池取出来，用力捏一捏，把电池外皮捏瘪，然后再装回去，这样就可以继续使用，而且这种办法还可以重复多次。如果发现干电池快没电时，可以取出来放在暖气片上温烤一会儿，或者放在阳光下热晒0.5~1小时，还可以继续使用，但切记不能放在火上烤或者加热，否则会发生危险。

普通干电池对环境污染很大，因此应该尽量把电视或空调遥控器、玩具、数码相机、随手携带的小型照明工具等的电池都换成充电电池，这样可以节省能源，减少普通电池对环境造成的污染。记住，废电池不要随意丢弃，尽可能与其他垃圾分开投放。

24 饮水机的节电节水使用方法

随着专用桶装"纯净水"和"矿泉水"的普及使用，与之配套使用的饮水机也进入家庭和办公室，代替了传统的水壶和暖水瓶。饮水机外表美观、操作方便、使用安全，并能同时供应冷水和热水，因而被越来越多的家庭和办公室所采用，成为居民消费的新时尚。那么，饮水机在使用时应注意些什么呢？

新机首次使用时，必须等热水龙头出水后才能接通加热电源开关，这样可以避免热罐缺水干烧，损坏电热元件和热罐保温材料。

饮水机安装位置应考虑以下几点：应距墙10厘米以上，以便于通风散热。避免日光照射，应选择远离热源的清洁处。因为目前大多数饮水机采用"气、水置换，开启式饮用"的设计方案，饮水瓶中有充分氧气，如果再加上充足的光线（温度），则为微生物的繁衍提供了优越的条件。避免与电脑、音响靠近或放置在豪华家具和高级木地板上，以免由于水桶破损或饮水机管件、密封件老化而发生漏水，殃及这些贵重物品。

用户长时间外出前，必须随手切断饮水机的电源开关，这样既可节约能源，又能防止电器起火等意外事故。用饮水机保温，耗电量是很大的。一般来说，饮水机在保温时的平均功率约为 20 瓦，如果每天有 10 小时关闭，则可以节电 0.2 度。如果制冷开关打开，平均功率为 80 瓦，则每天耗电 0.8 度；如果每年有 4 个月需要制冷，这样每年可耗电将近 150 度电，这是一个不可小视的数目。据统计，饮水机每天真正使用的时间约 9 个小时，其他时间基本闲置，近 2/3 用电量因此被白白浪费掉。在饮水机闲置时关掉电源，每台每年节电约 366 度，相应减排二氧化碳 351 千克；如果对全国保有的约 4000 万台饮水机都采取这一措施，那么全国每年可节电约 145 亿度，相应减排二氧化碳 1405 万吨。近来市场上出现的一种"神眼"智能型饮水机，采用红外探测的原理实现了有人自动开机、人离开后 15 分钟自动关机，这是一种十分理想的智能型节电安全产品。

绝大部分饮水机采用聪明座来自动控制储水罐的水位，由于水龙头放水时外界空气会源源不断地进入水桶内，而通常的环境中每立方米空气中又含有 4000 个细菌，因此会造成饮用纯水的二次污染。为此，在选择饮水机时，应注意产品是否有防范措施。例如：有的厂家在饮水机结构设计上增加了一道过滤装置，能滤除进气中的部分细菌；也有的在储水罐中采用紫外灯或臭氧消毒装置，自动定时地对饮水机内的存水进行消毒。虽然国产紫外灯管和镇流器的质量尚不尽如人意，但臭氧的杀菌能力强，消毒后能自行分解为氧气，无副作用，是比较理想的保洁方法。对于无消毒杀菌装置的饮水机，可采用饮水机厂家随机提供的专用消毒药剂，定期对饮水机进行清洗消毒，也可请饮水机经销商的售后服务人员上门消毒。

缩短桶装水饮用周期，防止虫类杂物倒吸，减少饮水机的二次污染。饮水机造成水质二次污染的途径有：饮水机是利用空气压力原理工作的，空气中的灰尘、细菌甚至飞虫等可能通过透气口进入饮水机；矿泉水的矿物质在机器内胆加热元件表面会产生积垢；换水过程中饮水机进水口暴露在外，容

易被污染；桶装水从满桶水被置换成满桶空气的过程，也是一个被污染过程。停用一段时间或者在高温、高湿度条件下使用的饮水机，造成水质二次污染的可能性更大。因此，在使用饮水机时，缩短每桶水饮用周期对饮水健康也是有益处的。

㉕ 浇花怎样节水

很多家庭喜欢养花，摆在院子、阳台和房间里，这是一个很好的爱好，可以美化环境，净化空气，还可以陶冶情操。看到绿草幽幽，花开灿烂，望之令人顿时喜悦，感到生活的美好。下了班或者放了学，给花浇水、施肥、松土，可以放松心情，减轻压力。养花自然要浇水，而且用水也不少，那么，来看看下面既节水又科学的浇花方法吧。

浇水分量要把握。 很多住楼上的居民给自家阳台上的花浇完水后，楼下过道的地面都会湿一大片。这样不仅浪费水，也给楼下行人造成不便，所以浇花节水法的第一招就是要摸清花草的习性，适量浇水。家庭浇花并不是水浇得越多越好，有的花耐旱，就少浇一些。对于不是特别喜湿的花，可以将湿润的纱布一端裹在花盆表面的土上，另一头放在水杯里，还可以在塑料瓶底部扎个小孔装满水放花盆上让它渗水，一小瓶就足够一盆花用一周。干燥地方可以在花盆底下放一个装有水的盘子，给花一个湿润的环境，这样平时每天给花喷水即可。

浇花也要选时间。 浇花时间尽量安排在早晨和晚上，因为这个时候温度较低，水分蒸发速度减慢，可以让花的根部充分吸收水分。

多方汇集浇花用水。 用剩茶水浇花。茶水所含的物质花草也都同样需要，所以用来浇花一举两得，但不要把茶叶和茶水一起倒在花草盆里，因为湿茶叶风吹日晒后会发霉，产生的霉菌会对花草造成伤害；而且茶水不能用来浇仙人球之类的碱性花卉，只适合浇酸性花卉如茉莉、米兰等。

用养鱼水浇花。鱼缸每天都要换水，而很多花草也得每天浇水，这样每天都要用去很多水，鱼缸换下来的水含有剩余饲料，用它浇花，可以增加土

浇花节水小创意：上面浇下面接

壤养分，促进花卉生长。

淘米水浇花。淘米水中含有蛋白质、淀粉、维生素等，营养丰富，用来浇花，会使花卉长得更茂盛。

煮蛋水浇花。煮蛋的水含有丰富的矿物质，冷却后用来浇花，花木长势旺盛，花色更艳丽，而且花期延长。

变质奶浇花。牛奶变质后，不要急于倒掉，可以加水用来浇花，有益于花儿的生长，但是兑水要多一些，而且没有发酵的奶不能用来浇花，因为它在发酵时会产生大量的热量，会把花根"烧烂"。

用雨水浇花。如果你家种的花多，又刚好有个小院子，那就不妨在院子里多摆几个水桶，等到下雨天时多接点雨水储存起来，用来浇花。

26 大扫除怎样节水

为了保持室内卫生经常大扫除是必要的，特别是逢年过节的时候，几乎家家户户都干得热火朝天的，洗的洗，涮的涮，擦的擦，扫的扫。有些爱干净的家更是三天一小扫，五天一大扫，最少也得一星期来那么一次。大扫除

一般都离不了水，怎样在大扫除时也尽量省水呢？

尽量放弃传统的拖把，它特别吸水不容易拧干，在地上留下水痕也不干净；现在市场上出售的节水型拖把既省力又方便，或者用旧毛巾做成套子套在平板拖把头上，擦脏了取下来放在水桶里洗干净，再套上继续擦，这样比起老式拖把可以大量节水。家里最好准备一个大水桶，平时可以把洗衣机甩干衣服的清水接住，积累起来擦地用，而擦完地后还可以用这脏水冲厕所。

清洁时的步骤有讲究。大扫除时的原则是由上而下，由里而外。把清洁用具放在一只水桶里，让它跟着你，按顺时针方向打扫房间，这样就能保证已经打扫过的房间干净整洁，而且可以用一桶水擦完整个房间，不用中途换水，既省劲又省水。

厨房餐桌篇

厨房和餐桌，是我们的能量来源之所，也是家庭日常开支的重点项目之一。因此，在保证营养、尽享美味的同时，节气、节电、节水等节约工作也不能忽略。

此外，在生活中很多东西的用途也不止一种，擅于发现事物的多种用途，可以一物多用，变废为宝，更有价值，充分地利用这些废物可以减少开支，也是一种节能。这样做一方面锻炼了自己的开放思维，另一方面又节约了资源，自己也享受到了生活的乐趣，真是一举三得！

27 菜篮子里的省钱之道

菜场也许是家庭主妇去得最多的地方，买回全家人每天餐桌上吃的肉、蛋、青菜和其他副食品。别小看这小小的菜篮子，它的花销通常占到全家总收入的10%左右，如果我们精打细算，也能从这里省出不少钱来呢！

巧打时间差。如果说卖菜要"赶早"的话，那么买菜则要"赶晚"。捡便宜的最佳时间是在下午5~6时，这时买卖已近尾声，水产、蔬菜的价格要比早上便宜多了。

买菜农的菜。菜贩子一般有固定的摊位，花色品种多，因为他们要交固定的工商税、卫生费等，菜一般都比菜农的贵，而菜农挑着菜上市场卖，一般数量不多，花色品种很少，成本比菜贩子低，卖得不贵，因此，向菜农买菜比向菜贩子买菜省钱。

关心天气预报。尽可能在天气好时去买菜。天气一旦变坏，菜就肯定会贵。所以，你如果是个有心人，注意天气预报，在天气变坏之前，赶快多买点菜，吃个两三天，天气变坏了也不急于买贵菜，无意中就省了不少钱。

带上弹簧秤。无论你到市场买什么菜，小菜也好，鱼也好，肉也好，都可能出现缺斤少两的现象。你若带一个弹簧秤，就可能及时发现问题，免得缺斤少两。

学点商品知识。如今市场里死猪肉、变质鱼、灌水牛肉和猪肉等等时有发现。你若不懂如何识别它们，就是上了当也不知道，这时候，你不但花了钱，还可能染上某些疾病。

28 怎样洗菜更节水

洗菜当然要用水，怎样才能既把菜洗干净又不费水呢？有的人在洗菜的时候，喜欢把水龙头开着，哗哗冲洗，这样特别费水。所以，别小看洗菜这个小事，教你几招洗菜省水的办法吧！

先择后洗。可以先把青菜不能吃的根部、败叶、老叶去掉，抖掉菜上的泥土，然后再洗，对有皮的蔬菜如土豆、南瓜等就先去皮，然后再进行清洗。

适当浸泡，洗菜更干净。洗菜时把菜放在盆里马上用水洗，既浪费水，效果也不好。其实可以适当浸泡蔬菜，一是可以把粘在菜叶上的泥土泡掉，利于清洗，减少清洗次数；二是可以让水充分溶解蔬菜中的残留农药和其他水溶性的有害物质，另外，在浸泡的过程中还可以放上一些"添加剂"。

可以加点盐。盐水洗菜可以杀菌，还可以杀虫。有些菜叶上的小虫用清水洗不下来，可以放在浓度为2%的食盐水中浸泡3分钟，菜叶上的小虫就会乖乖浮出水面，轻松被除掉；对于大白菜、卷心菜之类的蔬菜，可以先切开，放入食盐水中浸泡两分钟，再用清水冲洗，来清除菜心的农药残留。

可以加点碱。在温水中加上少量碱，这样的稀碱液可以起到解味、去皮的作用。一般的蔬菜只要浸泡五六分钟，再用清水漂洗干净就行。例如，大家爱吃的莲子粥，做的时候就可以用这种办法浸泡干莲子，这样做出来的莲子粥会更香、更软。

加点小苏打，同样可以起到杀菌的作用。但浸泡的时间要稍长一些，大概需要 15 分钟。

多搓洗，少冲洗。有的人在洗菜时图省事，想节省时间，把菜放在流水下哗哗冲洗，认为水的冲力可以洗净蔬菜上的泥沙，其实不是这样的，用水冲洗菜不但浪费水，而且不如用手搓洗菜洗得干净。所以不如用盆盛上水，在适当浸泡了以后，用手掰开菜叶，认真揉搓，洗完一遍以后，把菜放在漏筐里沥干水，再放水清洗，可以防止把菜上残留的泥沙又带进清水里。洗菜时一盆一盆地洗，据统计这样每次洗菜可以节省 5 升左右的清水，一个家庭每天洗菜 3~5 次，一年下来，节水量是相当可观的。

洗菜也讲个顺序。一般来说，先清洗叶类、果类蔬菜，然后清洗根茎类蔬菜。

用盆接水洗菜代替直接冲洗。每户每年约可节水 1.64 吨，同时减少等量污水排放，相应减排二氧化碳 0.74 千克。如果全国 1.8 亿户城镇家庭都这么做，那么每年可节能 5.1 万吨标准煤，相应减少二氧化碳排放 13.4 万吨。洗水果的时候也可以用同样的办法。

29 不随便倒掉淘米水

大米是我们吃得最多的主食。在做米饭之前，有一个必经程序就是要把大米用水洗干净。很多人把淘米的水随手就倒掉了，很可惜。为什么呢？因为淘米水可以说是天然的"营养品"和"去污剂"。

淘米水中有不少淀粉、维生素、蛋白质等，可以用来浇花，作为花木的一种营养来源，既方便又实惠。

用淘米水洗手可以去污，经常用淘米水洗手还可使皮肤滋润；淘米水还可以用来洗头，过去没有各种名目繁多的洗发护发用品，很多人就用淘米水洗头，头发照样乌黑发亮。

淘米水属于酸性，有机磷农药遇到酸性物质就会失去毒性，青菜清洗之前先用淘米水浸泡 10~20 分钟，可以有效去除菜叶上的农药残留物，泡带皮

吃的水果也可达到同样效果。

用淘米水洗猪肚、猪肠，省事、干净、节约；把咸肉放在淘米水中浸泡半天，可去咸味；用淘米水洗腊肉比用清水洗得干净；有腥味的东西，浸入淘米水中，加点盐搓洗，再用清水洗净可以去掉腥味；菜板切鱼、肉有腥味，用淘米水加点盐来洗，再用热水冲净，就可以去除腥味；海带、干笋、墨鱼等干货用淘米水浸泡 1 小时，易煮熟煮烂。

菜刀等铁制炊具，用后泡在淘米水中不易生锈，生锈后在淘米水中泡几小时也容易擦干净。案板用久了，会产生一股腥臭味。可放入淘米水中浸泡一段时间，再用盐擦洗，腥臭味即可消除。

用淘米水刷洗碗碟，不仅去污力强，还不含化学物质，胜过洗洁剂。刚油漆好的家具，有一股刺鼻的味，用淘米水擦 4~5 遍，刺算的味就可去掉。

新沙锅在使用前，先用淘米水刷洗几遍，再装上米汤在火上烧半小时。经过这样的处理，沙锅就不会漏水了。

最后一点要记住，煮米饭前淘洗大米的次数不宜过多，不但浪费水，而且把大米表层的营养物质都洗掉了。

㉚ 洗餐具节水法

很多同学都要分担家里的家务，最常见的"任务"就是吃完饭洗餐具。吃饭的时候谁都不嫌菜少，但洗餐具的时候，看着一堆油腻腻的碗盘，真是觉得麻烦，而且这些油污还特别不容易洗掉。怎样在洗餐具的时候既洗干净碗盘又能省水呢？

吃完饭就去洗碗。这样你的碗里残留的食物不会牢牢地依附在碗壁上，会比较容易清洗。

先去油污再洗餐具。洗餐具前，最好先把餐具上的剩菜汤倒掉，用用过的餐巾纸或者抹布把油污擦去，再用热水洗一遍，或者用洗涤剂刷洗，最后才用冷水冲洗干净。

洗餐具用盆。洗餐具最好用盆洗，可以省不少的水。在盆里洗餐具一般用水 2～3 盆（相当于 10 升水左右），用水龙头冲洗一般需要 5 分钟左右，而一般流量的水龙头出水为每秒 100 毫升，5 分钟需用水 30 升左右，不比不知道，一比吓一跳，天长日久了真的可以省不少的水。

少用洗涤剂洗碗。餐具上的油污很难洗干净，很多家庭都习惯用洗涤剂来帮忙，其实洗干净餐具也不是必须非用洗涤剂不可。比如说，用煮过面条的水、食用碱水来洗餐具，或者烫过青菜的热水都可以留着用来洗餐具；如果家里有不能吃的陈玉米面，别急着倒掉，用这些陈玉米面也可以用来洗餐具，既环保又节省。

餐具要集中到一块再洗。有的家里妈妈特别爱干净，在做饭过程中用过的碗盘筷子，喜欢随手就洗，然后吃完饭再洗一次餐具。其实这样做不仅费时也不省力，还特别浪费水。可以把所有的锅碗盘子筷子都集中起来，泡在盆里一起洗，既省水又省力省时。洗碗时还可以按顺序来，用盆接水先洗不太脏的碗盘，然后接着洗油污较重的碗盘，这样一遍一遍过，最后把水倒来洗炒菜锅，再用清水冲干净即可。

锅具清洗时不能只洗正面不洗反面。锅具使用完后立即清洗，但大多数人只洗祸里不洗锅底，这个习惯是非常错误的。因为锅底，常沾满倒菜时不慎回流的汤汁，若不清洗干净则会一直残留在底层，久而久之锅底就渐渐增厚；锅变得愈来愈重，日后一定会影响炒菜的火候，费气费电，所以一定要锅里锅底一起洗净。

31 厨房用水循环利用

家庭中用于洗菜、淘米后的水，一般都比较干净，一倒了之实在可惜，能不能把这些不太脏的水再利用一次呢？当然可以。例如，洗过菜又比较干净的水，可以留着用来作为洗餐具的第一次过水，也可以用来当洗抹布的水；还可以收集起来拿到卫生间去洗拖把冲马桶，淘米水的多种用途更是不用再说。所以，在厨房放上两个桶，根据用途盛不同的"废水"，是很实用的节水方法。

还有，厨房里产生的很多废水都可以用来浇花。洗牛奶瓶和洗鱼肉的水，都含有很高的营养成分，可以用来浇花，能促使花木叶茂花繁；煮带壳鸡蛋的水含有丰富的矿物质，冷却后用来浇花，可以使花木长势旺盛，花色更艳丽，而且花期延长；煮面、肉剩下的汤和水稀释，然后用来浇花，可以增加肥料，使花朵开得肥硕鲜艳。

㉜ 电冰箱的节电方法

电冰箱是每个现代家庭的必备电器，与我们的生活息息相关。特别是在炎热的盛夏，从外面回到家，很多同学会迫不及待地跑到厨房，从冰箱里拿出一瓶冰凉的饮料或者一块雪糕、冰淇淋，大快朵颐，那感觉真是太爽了！但是，你知道吗，这种愉快的享受是要付出代价的，因为冰箱也是家庭常年耗电的"大户"。因此，在这里给大家介绍一些关于电冰箱节电的方法。

电冰箱应该放在远离热源，不受阳光照射的阴凉的地方。冰箱要离开取暖器、火炉等电器，也不能和灶台放在一起，因为这样不但会影响冰箱的散热，使冰箱的耗电量增加，还影响制冷效果，冰箱上面的漆还会被灶台火烤掉色；同时冰箱四周应该留有一定的空间（特别是背面），一般留出20厘米的空隙就可以，若空间太小，会影响空气流通，冷凝器的散热效果下降，耗电大，冰箱寿命也会缩短。冰箱顶部也不要放垫布或其他东西，以利于散热，避免影响制冷效果。

新买的冰箱不能立即启用。家里新添了一件大家电，很多人都想马上接通电源看看是否好用，但是售后服务人员经常告诉我们，冰箱不能马上通电，一定要放置一到两个小时以后才能通电，这是为什么？这是因为冰箱压缩机的运行是需要润滑剂保护的，因此厂商在生产过程中，向制冷系统里面充灌了一定量的专用润滑油，冰箱制作完成以后润滑油和制冷剂就被完全封闭在制冷系统里面。冰箱在被搬运到家之前，早已经过了个把小时的颠簸、移动甚至倾斜，这时候冰箱里的润滑油就会顺着管路流入换热器的盘管中；少量润滑油还会在颠簸、震动的作用下灌入压缩机的压缩腔，这样冰箱开机后就容易导致冰箱制冷系统瘫痪，所以冰箱放置一到两个小时后再通电是正确的。

电冰箱应该使用专用的三孔插座，单独接线，如果没有接地装置，应该加装地线。设置接地线时，不能用自来水和煤气管道做接地线，更不能接到电话线和避雷针上。第一次接通电源后，要仔细听压缩机在启动和运转时的声音是否正常，是否有管路相互撞击的声音，如果噪音较大，就要检查电冰箱是否摆放平稳，各个管路是否接触，并做好相应的调整，有较大异响就要马上切断电源。

要养成定时清洗冰箱的习惯。首先，必须定期清洗压缩机和冷凝器。压缩机和冷凝器是冰箱的重要制冷部件，如果沾上灰尘会影响散热，导致零件使用寿命缩短、冰箱制冷效果减弱。当然，使用完全平背设计的冰箱不需考虑这个问题。因为挂背式冰箱的冷凝器、压缩机都裸露在外面，极易沾上灰尘、蜘蛛网等，而平背式冰箱的冷凝器、压缩机都是内藏的，就不会出现以上情况。然后，必须定期清洁冰箱内部。冰箱使用时间长了，里面的气味会很难闻，甚至会滋生细菌，影响食品原味。所以，冰箱使用一段时间后，要把里面的食物拿出来，大搞一次卫生。当然，具备触媒除臭和杀菌功能的冰箱，里面的空气会清新干净。

清洁冰箱时先切断电源，用软布蘸上清水或洗洁精，轻轻擦洗，然后蘸清水将洗洁精拭去。为防止损害箱外涂复层和箱内塑料零件，不能用洗衣粉、去污粉、滑石粉、碱性洗涤剂、开水、油类、刷子等清洗冰箱。箱内附件肮脏积垢时，要拆下用清水或洗洁精清洗，电气零件表面应用干布擦拭，清洁完毕，将电源插头牢牢插好，检查温度控制器是否设定在正确位置。有冰霜的电冰箱，当冷冻室霜层达 4~6 毫米时，必须进行除霜，否则将比正常制冷多消耗 1/3 的电量。

要保持冰箱门封条的密封效果。电冰箱磁性门封条如有变形会影响密封效果，要及时修理、更换，以防损失冷量。

往冰箱里放食物也很有讲究。热的食物应冷却到室温后再放入冰箱内。因为热的食物会使冰箱里的温度急剧上升，这会增加蒸发器表面结霜的厚度，导致压缩机工作时间过长，耗电量增加，长时间这么做会损坏电冰箱。冰箱内放的食物之间应该有 1 厘米以上的空隙，以便冷气对流。制作食用冰块或

大量存放饮料时，最好晚上放进去，因为夜间气温较低，而且家里人较少开冰箱门存取食物，可以减轻压缩机负荷，节约电能。

在电冰箱冷藏室每个隔层的外缘，搭上一块塑料布，把每个隔层存放的食物用塑料布与冰箱门隔起来，可以减少冷量损耗。

尽量缩短开箱时间，应做到：快放、快取、快关。因为每次开冰箱门的时候，就会导致一部分冷空气逸散。据测试，冷藏门每开启1分钟，冰箱压缩机就要多运转20分钟，才能使冰箱冷藏室的温度逐渐恢复到开启前的温度，这样会导致电力的浪费和冰箱使用寿命的缩短。

冰箱里的食物不要放得过满。夏季天气炎热，冰淇淋是我们的最爱，很多家庭会选购很多冷饮和冰淇淋等美味的降温食物，把冰箱塞得满满的。冰箱内食物不要堆得太满、太密，最好不要超过冰箱容积的80%，这样冷气才能流通。但东西也不能过少，否则热容量就会变小，压缩机开停时间也随着缩短，累计耗电量就会增加。如果冰箱里食品过少，最好用几只塑料盒盛水放进冷冻室内冻成冰块，然后定期放入冷藏室内，增加容量，这样不会费电。

冰箱冷藏室内的平均温度为4~6℃，如果在冷冻室冷冻食品的同时制作一些冰块，将制作的冰块用容器装好放入冷藏室内，可减少冰箱压缩机的启动时间，达到节电目的。同样道理，可以把冷冻室内需解冻的食品提前一天取出，放入冷藏室内解冻，同样可以降低冷藏室内的温度。

冰箱温度调节器挡位要合理选择。冰箱耗电量的大小与冰箱内温度的高低有着直接的关系，冰箱内温度越低，所耗的电量就越大。因此，在使用冰箱时，应根据季节来调节温控器的挡位。冷藏室的冷藏温度高于该食品冻结温度1~2℃为宜。

要知道，1台节能冰箱比普通冰箱每年可以省电约100度，相应减少二氧化碳排放100千克。如果每年新售出的1427万台冰箱都达到节能标准，那么全国每年可节电14.7亿度，相应减排二氧化碳141万吨；每天减少3分钟的冰箱开启时间，1年可省下30度电，相应减少二氧化碳排放30千克。及时给冰箱除霜，每年可以节电184度，相应减少二氧化碳排放177千克。如果对全国1.5亿台冰箱普遍采取这些措施，每年可节电73.8亿度，相应减少二氧化碳排放708万吨。

33 电饭锅的节电方法

电饭锅使用很方便，适合我们现在快节奏的生活。电饭锅可以用来煮饭、煲汤，把原料和水按比例放上，按下电钮开关，过一段时间，饭或汤做好了，自动保温，一直等到你放学或者家人下班时饭和汤都还是热腾腾的呢！但是，电饭锅也是家里的耗电大户，怎样让它发挥作用的同时还能省电呢？

市场上常用的电饭锅有高低不同的功率，选择什么样的最省电呢？你可能认为做饭用功率小的电饭锅省电，其实不然。实践证明，煮1千克的饭，500瓦的电饭锅需30分钟，耗电0.27度；而用700瓦电饭锅约需20分钟，耗电仅0.23度，因此，功率大的电饭锅，省时又省电。

在购买时选用节能电饭锅。对同等重量的食品进行加热，节能电饭锅要比普通电饭锅省电约20%，每台每年省电约9度，相应减排二氧化碳8.65千克。如果全国每年有10%的城镇家庭更换电饭锅时选择节能电饭锅，那么可节电0.9亿度，相应减排二氧化碳8.65万吨。

在选择电源的时候要注意，千万不要将电饭锅的电源插头接在台灯的分电插座上，这是相当危险的。因为一般台灯的电线较细，安全电流小，容易老化或遇热熔化，而电饭锅的功率较大，所要求的安全电流也大，这样大的电流会使灯线发热，长时间使用会造成触电、起火等事故。因此，一定要配用安全电流大的专用插座，才安全耐用。

电饭锅在使用中要避免磕磕碰碰。因为电饭锅的内胆受到磕碰后很容易变形，底部与电热盘就不能很好吻合，煮饭时受热不均，容易煮成夹生饭，所以电饭锅要轻拿轻放。

电饭锅的烹调范围较广，但切记不要用电饭锅煮太咸或者太酸的食物。因为它的内胆是铝制的，太咸或者太酸的食物会使内胆受到腐蚀而损坏。

使用电饭锅时最好提前淘米，用开水煮饭。这样，大米一开始就处于高温度的热水中，有利于淀粉的膨胀、破裂，使它尽快变成糊状，不仅可以节电30%，还更容易被人体消化吸收。煮饭用水量要掌握在恰好达到水干饭熟的标准，饭熟后要立即拔下插头。有些人用电饭锅煮米饭，插上插头就去忙别的事了，过了很久才回来把插头拔下来。虽然电饭锅把米饭做好以后，会自动切断电源，但是，如果时间过长，当锅内温度下降到70℃以下时，电饭锅又会自动通电，如此反复，既浪费电又会缩短电饭锅使用寿命。另外，煮饭时，在电饭锅上面盖一条毛巾可以减少热量损失。还可在水沸腾后断电7~8分钟，再重新通电，这样也可以充分利用电饭锅的余热达到节电的目的。

电饭锅的电热盘时间长了被油渍污物附着后会出现焦炭膜，影响导热性能，增加耗电，所以电热盘表面与锅底如有污渍，应擦拭干净或用细砂纸轻轻打磨干净，以免影响传感效率，浪费电能。

34 微波炉的节电窍门

现在我们的生活节奏加快，而微波炉用起来十分方便。早上上学上班，时间很紧张，把前一天做好的饭菜、面包、火腿肠或者牛奶什么的放里面转几分钟，就热好了，一顿营养丰富的早餐就搞定了；还有的巧手妈妈用微波炉来做菜，与传统的炒菜相比，别有一番风味。可是因为微波炉功率大，使人觉得过于耗电，其实，这完全不需要担心，只要科学合理地使用，一样可以让它省电。

微波炉功率虽然大，但使用的时候所需时间少，所以总耗电量并不大。

选购微波炉时，要根据家庭人口来决定买多大功率的，一般3~5人的家庭选用800~1000瓦的，5人以上家庭可以选用1000~1500瓦的。

插座接触要良好。微波炉的插头与插座的接触要匹配良好。否则不仅耗电量会增大，还会造成安全隐患。

放置要远离磁场。微波炉的附近不要有磁性物质，以免干扰炉腔内磁场的均匀状态，使工作效率下降。还要和电视机、收音机离开一定的距离，否则会影响视听效果。

不可空转微波炉。使用微波炉时，不能让微波炉空载运行。因为空烧时，微波的能量无法被吸收。这样不但会无谓地消耗电能，而且很容易损坏磁控管。为防止一时疏忽而造成空载运行，可以在炉腔里放一个盛水的玻璃杯。

冷冻的食物应该先解冻后再放进微波炉烹调，可以起到节电的效果。

加热食物最好盖膜。用微波炉热食物，最常见的问题是食物容易变得又干又脆，特别是热馒头、面包的时候，拿出来时干巴巴的，完全失去了原来的味道和口感。因此，最好在食物的外面套上保鲜膜或盖上盖子，这样加热食品水分不易蒸发，味道好，而且加热的时间会缩短，能够达到省电的目的。也可以在食物表面喷洒少许水，这样既防止食物变干，又可以提高加热速度，减少电能消耗。

开关门不要太频繁。很多人在使用微波炉长时间烹饪食物时，都会时不时打开看看，如果还没完全受热就再加热一会儿。其实，微波炉启动时用电量最大，使用时尽量掌握好时间，减少关机查看的次数，做到一次启动烹调完成。而且频繁开关门还会影响微波炉烹调的质量。如果是用较小的容器做饭菜或热剩饭，可以在转盘上同时放置 2~3 个容器，开机设置时间增加 1~2 分钟，就可以减少开关门次数。

烹调数量不宜多。用微波炉加热菜肴，数量不宜过多，否则不仅加热的时间比较长，而且还会造成菜肴的表面变色或是发焦。每次加热时，如果容器内菜肴的数量少一些，不仅能保证加热的效果，还能节省用电量。一般来说，烹调一个菜以不超过 0.5 千克为宜。

根据食物选火力。应该根据烹调食物的类别和数量选择微波的火力。在同样长的时间内，使用中微波挡所耗的电能只有强微波挡的一半，如只需要保持肉片或蔬菜的嫩脆、色泽等，宜选用强微波挡烹调，而炖肉、煮粥、煮汤则可使用中微波挡进行烹调。

余热烹调省电多。微波炉关掉后，不要立即取出食物，因为此时炉内尚有余热，食物还可继续烹调，应过 1 分钟后再取出为好。

金属器皿不要用。不要在微波炉加热时用金属涂层或花纹的器皿、铝膜盛（包）食品。因为微波是一种电磁波，这种电磁波的能量不仅比通常的无线电波大得多，而且一碰到金属就发生反射，金属根本没有办法吸收或传导它；微波可以穿过玻璃、陶瓷、塑料等绝缘材料，不会消耗能量。

微波炉要保持清洁。如果能保持箱内清洁，尤其是风口和微波口的清洁，

将可以省 35% 的电能。方法是将一个装有热水的容器放入微波炉内热两三分钟，让微波炉内充满蒸汽，这样顽垢因饱含水分而变得松软，容易去除。清洁时，用中性清洁剂的稀释水先擦一遍，再分别用清水洗过的抹布和干抹布作最后的清洁，如果仍不能将顽垢除掉。可以利用塑料卡片之类的东西来刮除，千万不能用金属片刮，以免伤及内部。最后，别忘了将微波炉门打开，让内部彻底风干。

还有要提的是，如果你家的微波炉平时很少用，在用完后记着把电源插头拔下来，这样也可以省电。

35 电磁炉的节电方法

电磁炉是一种新型的厨房炉具。它能对食物进行蒸、炒、煎、炸、煮等加工，而且具有节约电能、热效率高、清洁卫生、方便耐用等优点，已经被许多家庭所接受，甚至有人预言，电磁炉将有一天要取代燃气灶！电磁炉在正确、合理的使用下，能达到省电节能的效果。

选用电热转换效率高的锅具。电磁炉利用电磁感应原理，使能导磁的金属体在交变磁场中产生感应电流，产生热效应，来加热和烹饪食物。所以，电磁炉应使用导磁性能较好的材料制成的容器，如铁皮锅、铸铁锅、含铁不锈钢锅，以及底部是含铁材料的锅具等。总之在选购锅具时，应选含铁量多，锅盖密封度高的锅（如选用专供电磁炉使用的不锈钢高压锅）。同时，所选购的锅具应是平底的，面积最好不小于 12 厘米 × 12 厘米，以与电磁炉炉面面积差不多宽为好。这样，电磁炉就能达到电热转换效率高，烹调速度快的效果。

加热食物时要讲究方法。食物尽量不要大块或整体加热，最好把它分解成小块或细条。做米饭时，最好先把大米浸泡 5 分钟后再通电。另外注意需要多少食物就加热多少，特别是在烧水、做汤时更要注意，做得过多吃（用）不完，自然造成大量电能的白白浪费。另外，做汤时锅内如有短时间难煮熟的食物，开始加热时应少放一点水，先把食物煮熟之后再加足汤水，这样可以节约许多电能和时间。

合理使用各挡功率。大功率的电磁炉加热速度快，但耗电量也大，在刚开始用电磁炉对锅具加热时，应先采用大功率挡进行加热，这样加热速度快，一旦开锅后，如果没有特殊的要求，应及时把功率挡调至小挡，以能使锅内保持开锅即可，特别是在煮稀饭、做汤、吃火锅时更应如此。因为大功率挡不但浪费电能，还会使汤水在很大的火力下剧烈沸腾，万一溢出还会出危险和使锅底结锅巴。

电磁炉的通风口应该离墙壁15厘米以上，并且四周通风良好，以利于灶具散热，避免浪费电。

36 巧用电炊具的余热来节电

不知你注意了没有，家用电炊具如电炒锅、电饭煲、电磁炉在断电后，都留有较强的余热，而且一般能持续 3~5 分钟，如果就这样由它"热"去，真是可惜了。所以，在使用电炊具的过程中要注意充分利用余热，这样不仅不影响日常的烧炒煎煮，而且节电效果很明显。

巧用电炊具的余热，其实操作起来并不复杂。

在用电炒锅炒菜时，应该先把待炒的菜和作料都备好，待火候符合要求时就可以迅速操作，炒一些易熟的青菜时，翻炒一下，（根据青菜量的多少灵活决定时间长短，）就可以断电，利用电热盘的余热一定能把菜炒熟，这样既保持了青菜的营养价值，又可以节电。在煮汤时，水快开的时候就可以断电，利用余热就可以把汤烧开；或者用来热一些冷菜饭等，也可用来温点热水。

用电炒锅烙饼的时候，在锅烧热后，放进面饼的同时就可以断电，大概过半分钟再通电，把功率由高调到低，直到饼熟，这样不仅省电，而且烙出的饼外酥里嫩，香脆可口，真是一举两得。

在用电饭锅煮米饭时，当锅内的水烧开三五分钟后就拔掉电源，然后靠余热完全可以把米饭焖熟；在煮方便面时，把锅内的水烧开放入方便面，同时切断电源，余热同样能将方便面煮熟，而且这样煮出的面条口味更好；在煮稀饭时，把米下锅烧开后就可以立即断电，然后靠余热将稀饭煮熟。在烧

鸡蛋汤时也一样，水烧开后打入鸡蛋便可立即断电。

总之，这方面的窍门很多，使用时只要用心摸索、反复实践，适时通电及断电，就会有意想不到的省电效果。

37 节气从合理使用灶具开始

燃气灶是我们大多数家庭中最离不开的设备，有的家庭一日三餐都全靠它。不管是通过管道输送的天然气，还是一罐一罐由爸爸扛回来的煤气，那可都是钱买的，而且他们的价格都在上涨，所以，学学怎样在使用燃气灶时节省燃气，也是很重要的。

应选用优质燃具，并保持完好以发挥最佳性能，应该及时淘汰燃烧工况差的旧燃具。选购时注意旋火灶比直火灶可省3% ~5%左右用气量，台式灶比嵌入灶可省5%左右用气量，因此选购台式旋火灶是最省气的。炉的大小，应以适合家庭需要而选择，人多选功率大的，人少选功率小的。一般应该选购一边慢火（功率小）、一边猛火（功率大）的双眼灶。

巧用灶具。合理使用灶具架子。其高度应使火焰的外焰接触锅底，这样燃烧效率最高。应按锅底大小调节炉火大小，使火苗以与锅、壶底接触后稍弯、火苗舔底为宜。

让燃气燃烧充分。灶具要放在避风的地方，或者加上个挡风圈，这样能保证火力集中防止火苗燃烧时风把火焰吹得摇摆不定，偏出锅底。

燃气灶表面包括灶头部分一定要按照说明书要求定期清洗。灶具使用一段时间后，油污等杂质很容易把燃气灶的火孔、火盖等部位堵塞，导致灶火焰变小，不能正常使用。另外，使用燃气灶时一定要开窗通风，保持室内空气流通，因为燃气燃烧时需要消耗一定的氧气，空气不流通的话，燃气燃烧不充分，白白浪费；同时需要把燃烧时产生的废气排出室外，保证人身安全。

在做饭的时候，不用把灶具上的阀门全打开。因为天然气的热值比较高，如果完全打开，一些热量就白白损失了。要调节进风口大小，让燃气充分燃烧，判断方法是看火焰的颜色，火焰清晰，为纯蓝色，说明燃烧稳定，要充分做好炒菜前的准备工作，防止火空烧，不能让火等菜。一般的燃气灶，正常使用时的流量为每分钟 4 升左右，如果每次做饭都有 1 分钟左右的空烧的话，每月就会浪费大约240升的燃气！

合理用火。炒菜做饭时并不是火开的越大，加热速度就越快，而在于要适度。火的大小要和锅的大小适合，锅小火大的话，烧在锅四周的火只会白白消耗燃气，而不会因此缩短时间，炒菜时火焰刚好布满锅底就能达到最佳的烹饪效果；而且要随时调节火门，菜将熟时，就应及时调小火焰；盛菜时火减到最小，待第二道菜下锅再将火焰调大。做饭时最好不要用蒸的方法，蒸饭时间是焖饭时间的 3 倍。熬汤或者炖煮食物应先开大火，等水开后把火关小，保持微沸就行。

燃气灶的回火对灶的伤害很大，什么是回火？如果打开燃气灶时听到发出啪啪的声音，同时火焰颜色很黄，像柴火一样，颜色参差不齐，这种现象就是回火，这时就要把开关关上，重新打开就行了。

用铝制容器烧水比用钢、铁、铜等制成的容器要节约；使用直径大的平底锅比尖底锅更省煤气；应先把锅、壶表面的水渍抹干再放到火上去，这样能使热能尽快传进锅内，节约用气；平时注意保持锅底清洁，及时刮除锅底脏物。

38 改变做饭习惯来节气

做饭也有习惯，但是，有的习惯不好，虽然看起来好像很省事，但浪费了燃气，浪费了时间，这样的习惯最好改掉；有的习惯看起来麻烦，却节省了燃气。其实只需要你多留心一些，做起来就能节省时间，成了习惯了，更是举手之劳的事，希望你能养成下面这样的习惯。

蒸馒头宜先上笼屉后开火。蒸馒头时，人们习惯于把水烧开后再放馒头，这样不好。因为馒头放入热水锅中急剧受热，外部先热，容易使馒头夹生。如果先把馒头上屉再开火蒸，使温度慢慢上升，不仅馒头受热均匀，容易蒸

熟，而且还能弥补面团发酵的不足，也节省了燃气。

多用高压锅。 炖肉和煮饭尽量多用高压锅，既节省时间又可节能，还可以减少热量的散发。

做米饭的时候，可以在头一天晚上，把淘洗好的米用适量的水泡上，放到高压锅中，第二天一早，把火打着，当锅的泄气口开始放气，就可以关上火了，待十分钟后，锅内压力散尽，香喷喷的米饭就可以吃了。真是既节省时间，又节约能源。而且做出来的饭也好吃，为什么呢？因为米粒表面的结构主要是由纤维素和蛋白质构成的，用高压锅煮米饭，锅内的蒸气、水分会更有效、均匀地浸透到米粒内部去，使米粒很快分解变性，变得极易被人体吸收。而用普通锅煮饭，由于锅内的压力不大且不均匀，米粒分解变性不彻底，营养不易被人体完全吸收。由此看来，用高压锅煮的米饭比普通米饭的营养要高，也好吃。

高压锅还可用来烙饼，煮饺子。用高压锅煮水饺不仅速度快（每锅只需三四分钟），而且煮出的水饺不破口，不跑味，熟得均匀。具体煮法为：在高压锅内放入半锅水，烧开以后，用菜勺搅转两圈，使水起旋，放入水饺（一般口径24～26厘米的高压锅，每次可煮80个左右水饺），盖紧锅盖，不要扣阀，用旺火烧，待蒸气从阀孔喷出，约半分钟，即可关火。直至阀孔不再冒气，即可开锅捞饺。

最能发挥高压锅长处的是炖汤，如果要炖排骨，用普通的锅，需要两三个小时才能炖烂，而用高压锅，则只需20分钟。切记，用高压锅一定要严格按照说明书中著名的注意事项去操作，保证安全。

多用锅盖。 锅盖的作用不可忽视，不管是烧菜、炖菜还是煲汤，盖上锅盖可使热量保持在锅内，这样饭菜不仅热得更快，味道也更鲜美，减少了做饭的时间，必然减少了燃气使用量。

蒸鱼用开水。 鱼是我们喜欢吃的美味，用蒸的做法可以保持鱼本身的营养。因为鱼在突然遇到温度较高的蒸气时，外部组织凝固，内部的鲜汁不易外流，这样蒸出的鱼味道鲜美，而且还富有光泽。蒸前可在鱼身上放一块鸡油或猪油，同鱼一起蒸，鱼肉会更滑溜鲜嫩。

煮挂面和干切面的火候。 煮挂面和干切面的时候，锅中煮面的水不要太开，因为干切面和挂面本身很干，用太大的火煮，水温很高，使面条表面形成一层黏膜，热量无法向里传递，易形成硬心和面条汤糊化。应当在锅底有小气泡往上冒时下挂面，然后搅动几下，用中火煮，盖好锅盖，烧开后适当加些凉水，等水沸时面就熟了。这样煮面条，熟得快，面条柔软面汤清。

省火煮嫩鸡蛋法。水没过锅内鸡蛋，上火煮开后立即端下，不可打开锅盖，焖 5 分钟即熟（可根据自己喜食老嫩程度，掌握焖的时间长短），捞出后用冷水浸至不烫手就可以剥食，这种办法省火又能掌握鸡蛋老嫩。

煮鸡蛋时，水一开就关火，然后过十分钟后再取出鸡蛋，鸡蛋是利用水的余温煮熟的；煮粥的时候也是煮开就关上火，过一个小时半个小时后，再打开煮一遍，再煮开就熟了。

煮饭提前淘米，并浸泡 10 分钟。提前淘米并浸泡 10 分钟，然后再用电饭锅煮，可大大缩短米熟的时间，节电约 10%。每户每年可因此省电 4.5 度，相应减少二氧化碳排放 4.3 千克。如果全国 1.8 亿户城镇家庭都这么做，那么每年可省电 8 亿度，相应减排二氧化碳 78 万吨。

尽量避免抽油烟机空转。在厨房做饭时，应合理安排抽油烟机的使用时间，以避免长时间空转而浪费电。如果每台抽油烟机每天减少空转 10 分钟，1 年可省电 12.2 度，相应减少二氧化碳排放 11.7 千克。如果对全国保有的8000 万台抽油烟机都采取这一措施，那么每年可省电 9.8 亿度，相应减排二氧化碳 93.6 万吨。

用微波炉代替煤气灶加热食物。微波炉比煤气灶的能源利用效率高。如果我国 5% 的烹饪工作用微波炉进行，那么与用煤气炉相比，每年可节能约60 万吨标准煤，相应减排二氧化碳 154 万吨。

㊴ 怎样烧开水节气又省时

现在很多家庭还是习惯用水壶在燃气灶上烧开水，有时一天需要喝去两壶水，所以烧开水也要琢磨琢磨节气的办法。

首先，用水壶烧水时，水不宜灌得太满，以免水开时溢出。烧水的时候，

最好在水壶中先加入 1/4 的水，等到水壶中的水烧开之后，再把水壶加满继续，你会发现，用这样的方法来烧开水，比把一壶水直接烧开大约可以快 3 分钟的时间，也就是说你已经为你自己省下了 3 分钟的煤气。因为这样做的话，热水可以加快水分子的运动，达到省时节能的目的。

烧开水的火焰宜大不宜小。有人认为火焰小可以节省煤气，其实这样做会延长烧水的时间，而时间越长散失的热量越多，反而增加了煤气的使用量。火焰的外焰温度最高，应适当控制火势，充分利用火苗的外焰，但不要使火苗超过锅底的外围，避免能量损失。

在夏季烧开水时先不要盖上壶盖，等水温与气温平衡后再盖。因为夏季气温高于水温，在不盖盖的时候，水可以与外部热空气进行热交换，吸收空气中的热量，在水温略高于外部空气温度时应该及时盖上壶盖，防止水的热量散发到空气中去。

此外，一些小窍门、小物品的利用，也可以省却购买专用物品的费用。何乐而不为呢？或许下面的这些巧用和妙招，在帮你解决问题的同时还可以激发你更多的奇思妙想和节约高招呢！

40 巧煮绿豆汤

夏天喝绿豆汤，能败火解毒，是很好的消暑降温方式，特别是煮好的绿豆汤晾凉后搁在密封饭盒里，放进冰箱的冷藏室，一个小时后拿出来喝，真是清凉解渴。但绿豆汤煮起来费时又麻烦，最原始的办法就是直接加水放在灶上煮，得煮上好几个小时才能把豆煮烂。下面推荐几种巧煮绿豆汤的好办法，不妨试试。

把绿豆洗净，先放冰箱里冷冻 1 小时，然后再上锅煮，20 分钟后就能煮出又酥又软的绿豆来了。因为豆子经过冷冻后，细胞体积会膨胀，细胞膜就被胀破，因此豆子解冻后就变软了，再加热时就很容易煮烂，同样适用于煮红豆、玉米等不易煮烂的豆类和谷物。

先将绿豆洗净，倒入沸水锅中，水盖过绿豆一扁指即可，当水快煮干时，

消暑降温的绿豆汤

再加入开水（加水多少可根据自己爱吃稀还是爱吃稠来决定），随后将锅盖严，煮十几分钟，水大开后把浮在上面的绿豆皮捞出，再煮十几分钟，绿豆就烂了，这样煮的绿豆颜色始终保持碧绿。

把洗净的绿豆放入锅中炒五六分钟，边炒边用锅铲碾压，然后放入锅中煮，这样容易煮烂，而且豆和皮不会分开。

还有一种办法是把绿豆放进保温瓶，用开水浸泡4个小时，绿豆基本上已被烫开了花，绿豆汤也就好了，晾凉后就可以喝了，这样只需要消耗烧一瓶开水的燃气，用量仅为用普通方法熬制等量绿豆汤的1/3。

41 冰块的妙用

退热：将冰块用塑料袋装好，用干毛巾包裹在头、颈、腋下、胸部等处，能较快使体温下降，防止大脑烧伤。

治烫伤：轻度烫伤可用洁净冰块直接块敷在烫伤处，不仅可以止痛，还能减少水泡发生。

治中暑：夏季中暑，可立即在头、胸部块敷。当头部受阳光直射出现剧烈头痛时，也可立即用冰块降温。

治皮炎：夏季如果身上长痱子或出现了小红疹，可用冰水擦洗患部，既止痒，又能使痱疹早日消退。

治外伤：撞伤及扭伤后，不可以热敷，这会使小血管破裂出血，而应在伤部冰敷，可减轻血管出血，防止血肿形成，有利于挫伤恢复。

治虫咬：毒蜂、虫叮咬后，伤口会疼痛、肿胀。除用药物治疗外，均可在局部冰敷，既止痛，又可防止毒素扩散。

止出血：当出现黑便、哎血等症状时，可先在胃部、胸部冰敷，以减轻出血，为送医院抢救争取时间。出鼻血者在颈后风池穴、鼻翼两侧迎香空穴敷，可立即止血。

止痛：手指尖扎进小刺要用针头剔除，可将手指尖按在冰块上冻至发麻，剔刺时就不痛了。

42 鸡蛋壳的妙用

治腹泻：用鸡蛋壳 30 克，陈皮、鸡内金各 9 克，放锅中炒黄后碾成粉末，每次取 6 克用温开水送服，每天 3 次，连服 2 天就可见效。

治女性头晕：蛋壳用文火炒后碾成粉末，与甘草粉混合均匀，取 5 克以适量的黄酒冲服，每天 2 次可治头晕。

消炎止痛：将鸡蛋壳碾成末，有治疗创伤和消炎的功效。

治烫伤：在鸡蛋壳里面，有一层薄薄的蛋膜。当身体的某一部位被烫伤后，可将这层蛋膜揭下，敷在伤口上，经过 10 天左右，伤口就会愈合。能够止痛。

生火炉：把蛋壳捣碎，用纸包好，生炉子时可用它来引火，效果很好。

灭蚂蚁：把蛋壳用火煨的微焦以后碾成粉，洒在墙角处，可以杀死蚂蚁。

养花卉：把清洗蛋壳的水浇入花盆中，有助于花木的生长；把蛋壳碾碎后放在花盆里，既能保持水分，又能为花卉提供养分。

使鸡多生蛋：把蛋壳碾碎成末喂鸡，可以提高母鸡的产蛋能力，而且不会下软壳蛋。

人与环境知识丛书

用鸡蛋壳做成的雕塑作品

擦家具：新鲜的蛋壳在水中洗后，可得到一种蛋白与水的混合溶液，用这种溶液擦玻璃或其他家具，可增加光亮度。

除水壶中的水垢：烧开水的水壶时间长了会有一层厚厚的水垢，坚硬难除，只要用它煮上两次蛋壳，就可以把水垢全部去掉。

洗玻璃瓶：在油垢洗不净的小颈玻璃瓶中，放一些碎蛋壳，加满水，放置1~2天，期间可摇晃几次，油垢即可自行脱落。如果油垢不严重的话，在瓶内放些碎蛋壳，加半瓶水，用手堵住瓶口，摇晃几次，即可使瓶子干净。

使皮肤细腻滑润：把蛋壳内的一层蛋清收集起来，加上一小勺奶粉和蜂蜜，拌成糊状，晚上洗脸后，把调好的蛋糊涂抹上去，过30分钟后洗去，会使脸部皮肤细腻润滑。

43 盐、酒、醋、小苏打的妙用

盐的妙用

盐是日常生活中最常见的物品，除了做饭时调味，还有很多的用途。

清洗蔬菜：用精盐来清洗蔬菜，可减少清洗次数，且降低农药黏附。

剥蛋壳：煮蛋时，加入少许盐，可使蛋壳较易剥离。

打奶油、打蛋白：打奶油或蛋白时，加点盐可以发得更快、更好。

去除洋葱味道：将手弄湿沾适量的精盐，轻轻搓洗手指头，即可去除沾在手上的洋葱味。

削好的鲜菠萝放入盐水中浸一下，比较好吃。吃酸柑橙，加点盐，就不那么酸了。

鲜花枝插在盐水里，可延长开放时间。

误食有毒物质，先喝点浓盐水，可以解毒止痛。

每天饭后用淡盐水漱口，不但能预防口腔疾病的形成，而且还对口腔炎症疾病的治愈，有一定的积极作用。

每次洗头时，在温水中加些盐，用盐水来洗头，这样可以防止掉头发，同时也会使你的头洗得更干净。

如果不小心划破皮肤，伤口又不太大，用凉开水加一点盐，用盐水来清洗伤口，然后撒一些消炎粉，并用纱布包好。这样处理，可使伤口不发炎感染，并能快速愈合，而且愈后不留疤痕。

如果因受凉而引起肚子痛，可买半斤粗盐，在铁锅内把它炒热，并把热盐装在一个布袋里，用布袋来搓腹部，腹部的不适感就会很快消除。

洗涤有颜色的衣服时加点盐，可以保持颜色鲜艳。

点蜡烛时，在灯芯周围放上盐，可使烛油不往下滴。

用搪瓷杯泡茶，时间长了杯里会有一层深色茶锈，茶锈不宜用水洗掉，但用湿布蘸些细盐就会擦掉。

酒的妙用

做米饭时，如果用的是陈米，在淘过米之后可在米中加少量水，再加入一些啤酒，蒸出来的米饭香甜且有光泽，如同新米。

在炒鸡蛋时，如果在下锅之前往鸡蛋中滴几滴白酒，炒出的鸡蛋松软、光亮，有鲜嫩感。

如果煮稀饭时不小心糊锅了，锅底有锅巴，洗刷时不易刷掉，可倒入少许白酒或啤酒与少量水混合，盖上盖子数分钟后容易洗刷干净。

如果你在做菜时不小心醋放多了，可往菜中再加几滴酒（可根据醋放入量多少来加酒），可使减轻酸味。

如果火腿肠用不完，可在开口处涂些葡萄酒，包好后放入冰箱，可保持原有口味。

餐桌上的油污难以清洗，倒少许白酒在桌上，再用布擦，油污即可去除。

盆栽菊花，在出现花蕾时喷些酒，开花时特别香郁。君子兰在拔箭时，如分多次喷少量啤酒，可避免花朵夹箭。鲜花买回来后，先将花茎浸在水中，把尾端剪去4厘米，然后插入花瓶中，再在花瓶内滴几滴酒精，即可使鲜花更持久地盛开。

外出旅行时，人们常用军用水壶装一些凉开水，而这壶里的水常常带有一股水锈味。如果先在水壶里加上一小勺红葡萄酒，然后再倒入凉开水，水就不会变味了。

煎鱼时，向锅内喷上半杯葡萄酒，可以防止鱼皮粘锅。

如果在炒洋葱时加上一点白葡萄酒，就不会炒焦了。

柿子有涩味时，只要从咬开的部位加入少量的葡萄酒，涩味便会消失。

醋的妙用

醋是家庭烹调的必备调味品，它的用途有很多。

在醋内加上两滴白酒和一点盐，即可成为香醋。在煮肉或马铃薯时，加上少量醋就容易炖烂，味道亦好。煮甜粥时加点醋，可使甜粥更甜。

擦皮鞋时，滴上一滴醋，能使皮鞋光亮持久；铜、铝器用旧了，用醋涂擦后清洗，就能恢复光泽；宰鸡杀鸭前 20 分钟，给鸡鸭灌上一汤匙醋，拔毛就变得轻而易举了。

玻璃上的油漆，用醋浸软后一擦就掉；丝品洗净后，放在加入少量醋的清水中浸泡几分钟，晾干后光泽如新；毛料衣服磨光的地方，用 50% 浓度的醋水抹，然后用湿布铺垫熨烫，亮斑即可消失。

醋还有消毒杀菌作用。用醋拌的凉菜卫生爽口；用醋蒸熏房间，能杀菌防流感；每天把 40% 的醋水溶液加热后洗头可防治脱发，减少头屑；用醋调石灰粉，涂敷腋下，每日 2 次能治疗狐臭。

另外，当你筹划出门远足的时候，可以在准备的物品中加上一瓶醋，相信会给你的旅途生活带来很多益处。

旅游走路多，脚会感到不舒服，特别是患有脚癣、脚汗过多及脚臭的人，每晚睡前洗脚时在水中放点醋，即可睡得舒适。如洗澡时加醋，浴后会全身舒畅。遇蚊虫叮咬，可在疼痒处搽点醋，即能止痒止痛。

如有晕车晕船的毛病，在出发前先喝一小杯加醋的温开水，可以明显减轻症状。外出住宿因环境改变而失眠，可在临睡前饮一杯加醋的汽水，即能安然入睡。

发生肠炎泻肚时，可沏一杯浓茶，在茶中加入一些醋喝下去，一日 3 杯可止泻。感觉恶心想吐则沏一杯热盐水，然后加一些醋，饮后即能止吐。

小苏打的妙用

小苏打就是碳酸氢钠，人们通常只知道可以用它来发面包、制汽水和做灭火剂，其实，它还有以下几种鲜为人知的用途。

家庭清洁：

对洗涤剂过敏的人，不妨在洗碗水里加少许小苏打，既不烧手，又能把碗、盘子洗得很干净。也可以用小苏打来擦洗不锈钢锅、铜锅或铁锅。小苏打还能清洗热水瓶内的积垢，方法是将 50 克的小苏打溶解在一杯热水中，然后倒入瓶内上下晃动，水垢即可除去。将咖啡壶和茶壶泡在热水里，放入 3 匙小苏打，污渍和异味就可以消除。

将装有小苏打的盒子敞口放在冰箱里可以排除异味，也可以用小苏打兑温水，清洗冰箱内部。在垃圾桶或其他任何可能发出异味的地方洒一些小苏打，会起到很好的除臭效果。

如果家里养了宠物，往地毯上撒些小苏打，可以去除尿躁味。若是水泥地面，可以撒上小苏打，再加一点醋，用刷子刷，然后用清水冲净即可。

在湿抹布上撒一点小苏打，擦洗家用电器的塑料部件、外壳，效果不错。

个人清洁和美容：

用小苏打做除味剂。将 1 杯小苏打和 2 匙淀粉混合起来，放在一个塑料容器内，抹在身上散发异味的部位，可以清除体味。

小苏打是有轻微磨蚀作用的清洁剂。加一点小苏打在牙膏里，可以中和异味，还可以充当增白剂。放一点小苏打在鞋子里可以吸收潮气和异味。

加一点小苏打在洗面奶里，或者用小苏打和燕麦片做面膜，有助于改善肌肤；在洗发香波里加少量小苏打，可以清除残留的发胶和定型膏。

游泳池里的氯会伤害头发，在洗发香波里加一点小苏打洗头，可修复受损头发。

药用：

如遭蜜蜂或蚊虫叮咬，用小苏打和醋调成糊状，抹在伤处，可以止痒。在洗澡水中放一点小苏打，可以缓解皮肤过敏。

在床单上撒一点小苏打，可预防儿童因湿热引起的皮疹。

双脚疲劳，在洗脚水里放 2 匙小苏打浸泡一段时间，有助于消除疲劳。

44 生姜、茶、橘子皮的妙用

生姜的妙用

生姜是一种烧菜的作料，不过还有很多其他用处，略举如下。

治某些皮肤癣。将生姜切成片用力擦患处，每日 2~3 次。

治未破皮的冻疮。切几片生姜，放在适量的白酒内煮沸后，把渣去掉，用棉球蘸酒洗患处。

胃寒疼痛：生姜少许，加水煮沸片刻，趁热服，可缓解胃寒疼痛。同时对胃口不好、消化不良的患者，此方也有效。

老人慢性咳嗽：生姜捣汁半匙，糖一匙，加入沸开水中，稍凉时服。一日 2~3 次。

腹痛：生姜片 10 克，大蒜 10 克，砂糖 20 克，放在一起研成细末煮沸，吃姜蒜、饮汁。

镇咳化痰、止呕：把适量生姜捣烂，加少许蜜糖（或红糖）煎水服用。

胃肠炎：生姜 2~5 克，蜂蜜 2 匙，将生姜捣烂，取汁 1 匙，与蜂蜜混合，再用热水冲服。每日 4~5 次。

如因低血糖或中暑而突然晕倒，可用姜末或生姜汁加糖饮服，能起解救作用。

生姜皮晒干研末，装瓶内储存备用。风湿病患者，每次取生姜皮末半勺冲酒饮用，可以缓解症状。

如果意外摔伤，可将生姜汁捣烂外敷；若擦破了皮，用纱布浸姜汁涂患处，可预防感染并加快皮肤愈合。

搭车船前嘴含一片鲜姜，或喝些生姜汁，晕车船的现象便可显著减轻或消失。

清理污物时常感到恶心欲吐，在工作前含生姜一片即可避免。

头发突然成片脱落，俗称"鬼剃头"，医学上称"斑秃"，可用生姜一日多次擦患处，约 2~3 周即可长出新发。

此外，生姜对于补血有作用，生姜煮红糖对女士很好。

茶的妙用

茶是最常见的传统的饮料，但是它还有别的用途。

将鲜鸡蛋埋入干净的干茶渣中，放阴凉干燥处，鸡蛋可保存 2~3 个月左右不变质。

把晒干的废茶叶，装在尼龙袜子内，然后塞进有臭味的鞋内。茶叶能吸收鞋内水汽，去除臭味。成人的鞋子所需的茶叶分量，约为 1 杯茶的茶渣。

将50克花茶装入纱布袋中放入冰箱，可除去异味。1个月后，将茶叶取出放在阳光下暴晒，再装入纱布袋放入冰箱，可反复用多次，除异味效果好。

炊具沾了油垢，用新鲜的湿茶渣在炊具上擦几遍，即可将油垢洗去。如无新鲜的湿茶渣，用干茶渣加开水浸泡后亦可擦去油垢。

涂有油漆的门窗、家具，或者是玻璃门窗染有尘埃的玻璃门窗的，用冷茶擦洗会显得特别明亮洁白。

用茶渣擦洗镜子、玻璃、门窗、家具、胶纸板及皮鞋上的泥污，去污效果好。

深色衣服沾了油渍，用残茶叶搓洗能去油污。

新买的木质家具，往往有刺鼻的油漆味，用茶擦洗几遍，异味自会消退，比清洁剂效果好。

新衣服或新布料，通常都有一股刺鼻难闻的味道，这是染料所造成的，若不去除，穿在身上令人十分难受。抓取一把茶叶燃烧，利用燃烧的烟可将味道熏除。

颜色鲜艳的衣服若褪色，用茶汁来漂洗，可恢复它们原来的色泽。

抓取茶叶一小把，泡成茶水后用来洗绒线衣，同样能够去掉污垢，而且保持颜色鲜亮。但在茶水洗后，要用温水漂洗几次。

泡过茶的茶叶晾干聚集起来，用袋装好，是很好的枕头芯子，睡起来，柔软清香，又去头火。

晒干后的茶叶和炭末混合在一起，盖在燃烧的煤炭上，可维持燃烧力。

将茶渣晒干研碎后储存起来，冬天放在烘笼（手炉）里作火种，耐久易旺。

废茶叶放在厕所或空气不好的地方燃烧，可以消除恶臭味。

冲泡过的茶叶晒干，在夏季的黄昏，用火点燃可以驱蚊虫，不仅对人体无害，而且会有淡香扑鼻。

把茶渣倒在花盆里，能保持土质的水分，与泥混合放入花盆内，又可作花卉的肥料。

橘子皮的妙用

很多人爱吃橘子，橘子皮剥了随手就丢进垃圾箱，其实橘子皮还有很多用途呢。

橘子皮中含有大量的维生素 C 和香精油，把它洗净、晒干像茶叶一样存放，可同茶叶一起冲饮，也可以单独冲饮，味道清香，而且提神、通气。

橘子皮具有理气化痰、健胃除湿、降低血压等功能，是一种很好的中药材。可将其洗净晒干后，浸于白酒中，2～3 周后即可饮用，能清肺化痰，浸泡时间越长，酒味越佳。

煮粥时，放入几片橘子皮，吃起来芳香爽口，还可起到开胃作用。

烧肉或烧排骨时，加入几片橘子皮，味道既鲜美又不会感到油腻。

橘子皮可以做成糖橘丝、糖橘丁、糖橘皮、橘皮酱、橘皮香等美味可口的食品。

45 保鲜膜内筒、废旧筷子的再利用

保鲜膜内筒的再利用

家里的保鲜膜用完了，您可能随手就将内筒扔进了垃圾桶。千万别这么做，保鲜膜盒可以再利用，做成三件家里非常有用的东西。

制成简易笔筒。保鲜膜内筒可根据所放物品如笔、小尺子的长短来分割，再用橡皮筋把这些内筒捆在一起就能做成简易笔筒。但要注意：切割的笔筒应该比所放物品短一些，以便于取出。

制成简易储物筒。可以用来放奖状、毛笔、水彩笔这些容易乱丢的东西，在两头盖上塑料薄膜，用橡皮筋勒上，不过最好在筒上写清所存放物品的名称。

加工衣架。把内筒剪开套在衣架两肩和横杆上，套好后在内筒外缠上透明胶条，以免湿衣服的水把纸筒泡涨。这样晾衣服时不仅避免了肩部的褶痕，

而且由于内筒的厚度使衣服前后隔开，空气流通，干得快。

废旧筷子的再利用

废旧筷子搁置了占地方，扔了可惜，其实变换一下思路可以把它派上别的用场。

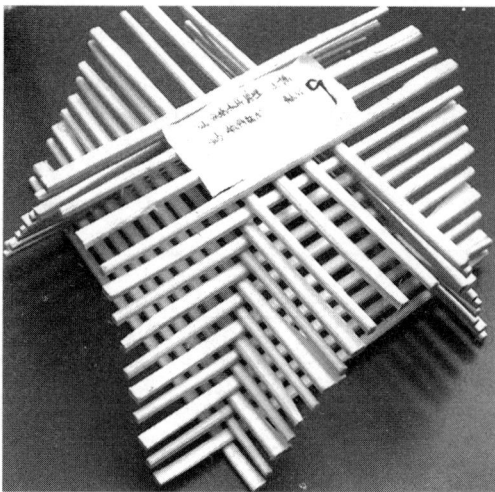

中学生利用一次性筷子做成的手工艺品

准备好剪刀、剪线钳和一些绳子。用剪线钳将废旧筷子剪成需要的长度，用绳子套住一根剪好的筷子，然后把绳子拧一下，将筷子系牢，接着再按这种方法将筷子一根根并排固定在一起，直到大小尺寸合适为止。这样就可以根据个人需求，制作出隔热垫或排卷成筒状，竖放在桌上，当成简易的收纳筒使用，中间放入玻璃杯或塑料瓶，既美观又实用。

46 用白开水代替其他饮料

到了夏天各种饮料广告充斥电视屏幕，漂亮的包装让人眼花缭乱，而且饮料喝起来口感特别好，很多人把它们当做日常饮水。殊不知，如果过量饮用这些饮料也会有一定的健康隐患。另有一些饮品，对健康有益，但也要注

意喝法。

要想喝出健康，喝什么固然重要，而怎么喝，喝多少更要讲科学。

可乐当水喝，潜在危险多。运动流汗，买一瓶可乐解渴；走进餐馆，点一罐可乐佐餐；看电视，从冰箱里拿罐可乐补水。如果这些是你习以为常的事，可得当心，因为喝可乐过量有害无益。可乐是碳酸饮料，青少年骨骼正在发育，服用酸性物质过多会使身体缺乏钙质，从而影响发育，而可乐含的色素、香料、焦糖等添加剂对人体健康也十分不利。以可乐为代表的碳酸饮料给人舒适和兴奋的感觉，但喝习惯后，人们就会产生一定的依赖性。

甜果汁好喝，添加剂有害。果汁类饮料营养比较丰富，有的饮料中还有少量果肉沉淀，能够适当补充维生素，被很多人认为是健康自然的饮料。但果汁里含有果酸，果酸摄入过多，对胃肠可能有影响；再者，果汁饮料在制作过程中或多或少都有食品添加剂，长期食用会影响发育，同时，饮料中的添加剂会降低食欲，影响正常的营养吸收。像橙汁等含糖饮料口感虽好，但也不宜多喝，每天摄入量应控制在 1 杯左右，最多不要超过 200 毫升。糖尿病人和比较肥胖的人，则最好不要喝。

饮咖啡提神，咖啡因惹祸。考试前作业做得晚了，有同学喜欢冲一杯咖啡喝，提高兴奋度。然而，青少年学习靠咖啡提神并不可取。医学研究证明，多动症与过量的咖啡因有关，会导致精神烦躁、注意力不集中等。另外，常饮咖啡，容易发生不明原因的腹痛，长期过量摄入咖啡因则会导致慢性胃炎。同时，咖啡因属于毒麻品，饮用过量也可能成瘾，甚至引起中毒。

当然，并不是说这些饮料都不能喝了，关键是要注意节制，不要过量饮用。

其实，不起眼的白开水是最有益于青少年健康发育的饮料。研究表明，温开水能提高脏器中乳酸脱氢酶的活性，有利于较快降低累积于肌肉中的"疲劳素"——乳酸，从而消除疲劳，焕发精神。水对人体的生理功能主要有四个方面的作用：人体组织和细胞的养分及代谢物在体内运转，都需要水作载体；水可以调节体温，使人体温度不会波动太大；水是人体组织之间摩擦的润滑剂；水有极强的溶解性，多种无机和有机物都易溶于水中，体内代谢废物在水的作用下易清除到体外。

所以，专家强调，我们的饮料首选是白开水。

人与环境知识丛书

47 外出就餐要节约

　　逢年过节或者遇到什么高兴的事，为了庆祝通常会全家出去到餐馆吃顿饭，这是一件令人高兴的事；很多同学也经常因为庆祝生日什么的出去一起吃顿饭，大家在一起聊聊天，说说话，彼此之间的感情也加深了。那么，外出就餐要怎样做既能让大家吃得高兴又不浪费呢？

　　先算好人数和消费额。外出就餐前，要先根据就餐的目的、人数等，定下一个消费数额，切不可为了满足虚荣心打肿脸充胖子，不顾自己的经济实力非要去高档的餐厅，面子上好看了，回到家心疼钱，然后节衣缩食自己受罪。家庭聚会，或者是好朋友聚会，重要的是气氛，吃什么是次要的，所以完全可以选一个自己熟悉的、消费档次不高但干净卫生的餐馆，吃得实惠，聚会目的也达到了，何乐而不为呢？如果请的客人比较多，要提前打电话订位子，以防到了想去的餐厅却发现没座位，临时改地方又费事又费时间。平时在外吃饭的时候，多注意一下每个餐馆各种菜肴的大概价位和菜量，做一下比较，这样轮到自己请客的时候上哪吃、吃什么心中有数。点菜的时候要根据人数和食量，做到人吃饱吃好还不剩下。现在有的人请客一味充大方，点了一桌子菜，最后吃不完剩下了，还不打包带回家，这种浪费习惯可以说是一种恶习，要坚决改掉。

　　点菜时不要被花哨的菜名迷惑。一些餐馆为哗众取宠，在菜名上费尽心思，这让食客点菜时也越来越糊涂：在一个个美丽的菜名之下，到底是些啥内容？据报社记者的调查发现，多数餐馆的菜名都取得较花哨，其中至少有一半让食客难知其真正主配料和味型，有的餐馆菜谱上70%的菜名让人摸不着头脑。比如"悄悄话"——你知道这是啥菜吗？原来它就是卤猪耳朵紧紧包裹着腊猪舌，想起来名字虽取得妙，但初听此菜名，绝对让你丈二和尚摸不着头脑。再如"火烧白云"——实际就是水煮腰花；"双花跳舞"——就是蹄花汤里加入黄花、木耳、番茄、豆花烹制而成的一种菜品。其他诸如"二龙戏珠"、"恭喜发财"、"双喜临门"等菜名五花八门，美是很美，但完

全起不到菜名应有的作用；而且这样的菜价格不菲，等菜端上桌面，你才发现只是普通的家常菜。还有的菜端上来一大盘，可真正能吃的就是中间的一点东西，其他的都是装饰品，只能看不能吃；甚至有的菜吃完了也不知道是什么做的。因此，外出吃饭点菜的时候，看不明白的菜名要问清服务员菜的做法、分量，不要等菜端上来了才恍然大悟；要尽量选择常见的菜名或者家常菜，这样才能做到心中有数，不乱花钱。

另外，结账的时候要仔细核对账单，防止饭店事先不说明，到结账时出现巧立名目的收费项目。

48 剩菜打包的窍门

打包餐桌上的剩菜是一种美德。吃不完的菜，可以让服务员帮助打包带回家，但哪些食物适合打包，打包回去又怎么食用，这些看似简单的问题实际暗藏着科学知识，处理不当可能会带来食品安全隐患。

贝壳类海鲜要杀菌。贝壳类海鲜食用时一定要重新烹饪，加热时还要用醋腌制 10 分钟左右，来杀死可能潜伏其中的副溶血性弧菌。

蔬菜最好不要打包。因为长时间放置素菜，细菌就会大量繁殖，很多细菌都能产生硝酸还原酶，从而生成亚硝酸盐。亚硝酸盐本身具有一定的毒性，当它与食物中的氨基酸和低级胺类发生反应，就形成了具有致癌性的亚硝胺和亚硝酸胺类物质，从而增加了患胃癌的风险。所以，如果我们长期食用剩的蔬菜，对健康是不利的，就和长期食用腌制食品患胃癌的几率比较高是一个道理。

淀粉类食品最好一次吃掉。淀粉类食品如年糕等食物最多保存 4 小时。淀粉类食品容易被葡萄球菌污染，这种细菌的毒素在高温加热下也不易分解。

打包的食物凉透后再放入冰箱。冰箱内部温度应该维持在 4℃ 左右，这样，冰箱里储藏的食物才能放得久。当您把热的东西放进冰箱时，冰箱内温度就会升高，因此，就无法达到冷藏的条件，食物容易变质。所以，打包回家的食物要等凉透以后再放进冰箱。

  打包食物食用前一定要回锅。冰箱中存放的食物取出后必须回锅。因为冰箱的温度只能抑制细菌的繁殖速度，却不能杀灭它们。如果食用前没有加热的话，食用之后就可能给胃肠道带来损害。

  剩菜保存时间不能过于长久。剩菜的存放时间以不隔餐为宜，也就是说，中午剩的菜晚上吃，最好能在5~6个小时内吃掉。因为在一般情况下，通过100℃的高温加热，几分钟内是可以杀灭某些细菌、病毒和寄生虫的。但是，如果食物存放的时间过长，食物中的细菌就会释放出毒素，加热也不一定能使其分解。

浴室盥洗篇

　　浴室、卫生间，既是我们自我保养、修整仪表的地方，又是厨房之外家中用水量最大、产生垃圾较多的地方。那么节水、节电也是这些地方节约工作的核心和重点。同时旧物利用也是一个很好的想法。这里给大家介绍一些一物多用、变废为宝的方法，大家可以照着做做，还可以举一反三，自己去发现更多更好的方法，做一个勤俭节约的好少年！

49　洗脸刷牙怎样节水

　　每天早上起来，人们必做的一件事就是洗脸、刷牙、洗手，而在这些看来最为平常的事情中却有着不平常的节水奥妙。有的人洗脸的时候，习惯开着水龙头，然后用手捧着水洗脸，先把脸弄湿，用洗面奶在脸上轻轻揉，直到出现泡沫，再用水把泡沫洗干净，这个过程中，水一直流着，这叫长流水洗脸；还有一种洗脸办法，就是用一个盆子（脸盆，是因为过去的人都是用盆子洗脸的）接上一定量的水，关了水龙头，捧着盆里的水洗脸，然后再换一盆水，一般用三盆水就可以把脸洗干净了。哪一种洗脸方式省水呢？再说洗手，在洗手的时候，有的人就让水龙头一直开着，往手上打肥皂时也是，一直到把手上的泡沫冲干净才关掉水；还有刷牙的时候，有的人根本不用刷牙缸，先开水龙头，才挤上牙膏，刷牙，刷完牙，漱嘴，把牙刷冲干净，这才关上水龙头。如果在洗手打肥皂的时候把水龙头关住、刷牙的时候用个缸子装水而不是用长流水，哪一种方式更省水也并没有增加麻烦呢？

用长流水洗脸的时候，洗脸要花 2~3 分钟时间，水龙头一直开着，水也就要留 2~3 分钟，根据试验和统计表明，一般来说，水龙头开 1 分钟，就会耗掉自来水 8 升左右，2~3 分钟则耗掉清水 16~24 升。而用手捧起洗脸的水约占流水的 1/8 左右，其他的就白白浪费了。如果改用洗脸盆洗脸，每人每次只用 4 升左右的水就足够了。比如一个 3 口之家，如果都用洗脸盆洗脸，每人每次节约清水 16 升左右，按每人每天洗脸 2~3 次算，那么全家每天可以节水 120 升左右，一个月全家可节水 3600 升左右。有关调查显示，有 50%~60% 的人在洗脸时不关水龙头，如果这些人改变一下洗

节约用水，
别让地球上最后一滴水成为人类的眼泪。

节约用水的宣传画

脸的习惯，用盆接水洗脸，对于一个小区、一个城市、一个国家，甚至整个地球来讲，可以节约很多的清水资源，这可是一个不小的数目呢！

刷牙也是这样。如果刷牙用 2~4 分钟，就要流掉 24 升左右的清水，其中绝大部分水都白白地浪费了。而同样是刷牙，如果用水杯来接水，然后关闭水龙头开始刷牙，浸润牙刷，短时冲洗，勤开勤关水龙头，刷牙的效果完全一样，而这种刷牙方式一般只用 3 杯水，用水 0.6 升，比起长流水的刷牙方式，节水率达 96%！如果一家 3 口人都采用水杯接水刷牙的方法，按每天刷牙两次算，一天就可节水 140 升左右，一年的节水量可达 51000 升！

洗手在家庭中是最常见的用水行为了，饭前便后都要洗手，洗手的过程就是节水的过程。注意勤开勤关水龙头，不用长流水洗手；还有男士刮脸的时候，如果开着水龙头冲洗刀片用水量是 30~40 升，如果用事先接好的一盆水清洗，用水量仅为 1~2 升，可节省水量 30 余升。另外，还提倡大家安装

使用节水龙头，特别是宾馆、饭店等公共场所更应该使用感应节水龙头，当手离开时，水阀就会自动关闭。这种感应水龙头可比手动水龙头节水 30% 左右。另外，还要避免家庭用水跑、冒、滴、漏现象。一个没关紧的水龙头，在一个月内就能漏掉约 2 吨水，一年就漏掉 24 吨水，同时产生等量的污水排放。所以，晚上临睡前或者出门之前一定要检查一下水龙头是否关严。在停水期间如果忘记关水龙头就外出，来水时家里没人管，会浪费大量的水不说，还会造成更大的损失。

50 怎样洗澡才能节水

洗澡也和洗脸、刷牙一样是最平常不过的事，有的人一天可能不止洗一次澡，特别是炎热的夏天，一身大汗的时候冲个澡，真爽啊，疲劳和辛苦一洗了之！可你想到没有，洗澡的过程也是我们节水的过程。

洗澡不要太频繁。过于频繁地洗澡不仅浪费水，对皮肤的健康也没有好处，尤其是在干燥的秋冬季节。因为沐浴液除去皮肤上的油脂和皮屑的同时，还会使身体上保护皮肤的皮脂被洗掉，这样皮肤就会感到干燥紧绷。如果洗澡频繁，感觉会更加明显，所以秋冬季节每星期洗澡以 1~2 次最为适宜。

洗澡最好用淋浴。淋浴比盆浴更省水一些，淋浴 5 分钟用水仅是盆浴的 1/4，既方便又卫生更节水。据美国纽约市民节水资料报道，淋浴时，长流水洗澡，用水量是 120 升左右，如果先冲湿后用沐浴露或者香皂，再打开水龙头冲洗，用水量只是 40 升左右。淋浴时间以不超过 15 分钟为宜（每超过 5 分钟会流失 13~32 升的水），避免长时间冲淋。所以洗澡要抓紧时间，先淋湿全身随即关闭喷头，然后通身搓洗，最后一次冲净，不要分别洗头、身、脚，用香皂或浴液搓洗，一次冲洗干净。另外，洗澡时间长了，人体皮肤、肌肉过度松弛会引起疲倦、乏力；吸入由热水中挥发出来的有机氯化物也多，而三氯甲烷等有机氯化物对人体相当有害。

选用节水喷头。淋浴用的喷头是节水的关键，普通龙头流出的水是水柱，水量大，常用喷头 70%~80% 的水飞溅，大部分水被白白浪费掉，使用率只有 20% ~ 30%。最好使用花洒式喷头，既能扩大淋浴面积，又控制了水的流量，达到了节水的目的。而且现在有些花洒是专门设计了节水功能的，在节水器具上加入特制的芯片和气孔，吸入空气后产生一种压力，并进入流柱中，空气和水充分混合，相当于把水流膨化后喷射出来，因此，在达到节水目的的同时，其冲刷力和舒适度是不变的。

盆浴节水有窍门。如果十分喜欢盆浴，要注意水不要放满，有 1/4 ~ 1/3 就足够用了。还可以使用节水浴缸，因为它不仅容积小还可使用循环水。节水型浴缸主要依靠科学的设计来节约用水，它们往往设计得比普通浴缸要短，符合人体坐姿功能线，所以，在放同样水量的时候，就显得比传统浴缸要深，避免了空放水的现象，一般能比普通浴缸节水 20% 左右。

间断放水淋浴。淋浴时不要让水自始至终地开着，抹沐浴液时、搓洗时不要怕麻烦，把水关掉，每次至少可节省约 30 升的水。洗澡时要专心致志，抓紧时间，不要怡然自得，或者边洗边聊。

连续洗澡可省水。家中多人需要淋浴，可几个人接连洗澡，能节省热水流出前的冷水流失量。不但省水，而且省电或煤气。

软管越短水越省。淋浴喷头与加热器的连接软管越长，打开后流出的冷水就会越多，通常这些清水都会被放掉而造成浪费，所以软管应尽量短。如受条件限制必须加长，可在打开喷头前在下面放一个干净的容器，专门接这些清水，可以用来洗脸洗手，或冲马桶。

洗澡水巧利用。将洗澡冲下的肥皂水和洗发水等有化学物质的水收集起来，可用于洗衣、洗车、冲洗厕所、拖地等（可节省清洁剂的用量）。洗澡水里有肥皂香味，拖过地之后会有淡淡清香，就不用什么拖地清洁剂或芳香剂了，不妨一试。

洗澡时候别洗衣服。最好不要在洗澡时"顺便"洗衣服、鞋子。因为用洗澡时流动的水洗这些东西，会比平时用盆洗浪费 3 ~ 4 倍的水。很多人在家的时候不会做这样的事，但是在公共浴池洗澡的时候，会拿着衣服洗，就像很多人在家注意节约，在外就不会了，这都是一个"小我"在作怪，当节约意识深入每个人的内心后，这样的"小我"意识就会越来越少。

定期洗澡对身体非常有利，特别是我们青少年新陈代谢快，又喜欢参加

各种运动，洗澡是一个很好的卫生习惯。注意以上洗澡中的节水习惯，就可以在舒舒服服享受洗澡乐趣的同时，为国家和社会节水作贡献。

51 电热水器节电的方法

冬天在家里洗个舒舒服服的热水澡在你看来也许是很平常的事，但是，你也许听妈妈或者奶奶说过，过去很少有人冬天能在自己家里洗热水澡的，除非就是烧一大壶热水，倒在大盆里，兑上凉水，洗起来又冷又别扭；大家都是到外面的公共浴池去洗，路远的坐公交车、骑自行车，带上一大堆衣服，在寒风里跑半天，澡堂里人又多，挤着洗完澡再跑回来，多费劲哪！现在条件好了，很多人家里都装上了热水器，足不出户就能轻松洗上热水澡。一般家庭用的热水器多数是电热水器，现在我们就来了解一下从选购到使用电热水器有哪些节电的方法。

选择品牌：名牌产品经过安全认证，质量较好，在产品上有长城安全标志。企业拥有可靠的服务网络，售后服务有保证。

外观检查：产品外表面涂漆应均匀、色泽光亮，无脱落、凹痕或严重划伤、挤压痕迹等；各种开关、旋钮造型美观，加工精细；刻度盘等字迹应清晰；附件要齐全。假冒伪劣产品往往采用冒牌商标和包装或将组装品牌冒充进口原装商品。此类商品一般外观较粗糙，通电后升温缓慢，达不到标准要求。注意附件要齐全；检查电源插头，接线要牢固、完好并无接触不良现象；最好做通电试验、恒温性能检查，先看指示灯是否点亮，出水断电指示是否可靠，恒温检查时，将温度设定一定数值，达到设定值时，电热水器能自动断电或转换功率。若达到上述要求，说明电热水器恒温性能良好，否则为不正常。

内胆的选择：不锈钢内胆档次高、寿命长；搪瓷内胆是在普通钢板上涂烧成一层无机质陶釉，如制造工艺差会导致胆内不同部位附着的釉浆厚薄不均，易出现掉瓷现象。镀锌内胆涂附热固化树脂，锌保护层防锈能力差，使用寿命较短。

安全装置的选择：电热水器一般应有接地保护、防干烧、防超温、防超压装置，高档的还有漏电保护和无水自动断开以及附加断电指示功能。热水器内胆压力额定值一般应为 0.75 兆帕（型号不同，额定值也有所不同），要求超压保护装置在内胆压力达到额定值时，应可靠地自动开启安全阀进行泄压，以确保安全。漏电保护装置一般要求在漏电电流达到 15 毫安时能够在 0.1 秒内迅速切断电源。

保温效果选择：应选择保温层厚度和保温材料密度大的产品，可根据厂商产品说明书对比选择。

恒温性能：将温度设定一定数值，达到设定值时，电热水器能自动断电或转换功率。

容量选择：一般额定容积为 30～40 升电热水器，适合 3～4 人连续沐浴使用；40～50 升电热水器适合 4～5 人连续沐浴使用；70～90 升电热水器适合 5～6 人连续沐浴使用。

在使用上应该注意以下事项：

热水器不用不应断电。如果你买的是真正节能的热水器，是不需要频繁切断电源的，因为它有效的保温技术，比如中温保温、多段定时加热等，但都需要在电源通电的情况下完成。频繁地拔掉插头会缩短插头的寿命，而且容易带来安全隐患。正确的使用方法是：如果每天都要使用热水器，并且保温效果比较好，就不要切断电源。因为保温一天所用的电，比把一箱凉水加热到相同温度所用的电要少，这样不仅用起热水来很方便，而且还能达到节电的目的。当然，如果是 3～5 天或者更长时间才使用一次，那么每次用后切断电源是最为省电的选择。

热水器冬夏温度巧设定。使用热水器，要根据冬夏两个季节做不同的调节。夏季气温高，热水使用相对较少，热水的温度不用烧太高，一般 50℃ 上下就可以了；冬季冷水温度较低，而且家庭生活对热水的需求也相应增大，因此，应该利用前一天晚上的用电低谷期把水温加热到 75 度的最高值，并继续通电保温，来保证第二天的正常需要。很多人都习惯把温度设定到最高，再用两三个小时集中加热，最后关掉电源，认为这样会省电。其实这种方法并不得当，因为热水器里的水被加热到最高温度后，使用时必然还要混入冷

水，然后剩下的热水又被自然冷却。这样一来，不但浪费了集中加热时的电量，而且下次使用时还需要重新加热。所以，把热水器电源开着，把温度设定在四五十度左右的适宜温度，使用时不必加入冷水，而是充分利用温度正好的热水，这样不但可以缩短加热时间，还能避免反复冷却、反复加热，达到省电的目的。

热水器应该定期保养。 热水器盛水的大桶里很容易产生水垢，最好每年清理一次，否则会增加加热的时间，也会更费电；如果是燃气热水器，同时还要注意清除换热器翅片上的灰尘，提高换热效率，防止堵塞燃烧烟气道而带来危险。

掌握好烧水时间。 不要等电热水器里没有热水了再烧，而是估计热水快用完了就启动电热水器，这个方法比把一箱凉水加热到相同温度所用的电要少得多，而且温度热得也快。顺便说一句，用电热水器洗澡的时候，淋浴比盆浴可以节约 50% 的用水量和用电量。

52 太阳能热水器的选购与保养

说到热水器，最节约能源最环保安全的当属太阳能热水器。它的工作原理是利用真空管集热，最大限度的实现光热转换，经微循环把热水传送到保温水箱里，通过专用管路至用户家里。太阳能热水器的集热器表面，有一个特殊的涂层，此涂层对太阳能可见光范围具有很大的吸收率，吸收热量以后，集热器的散热热辐射波长在长波范围，该涂层对长波的发射率很低，这样就有效的"滞留"了太阳能的热量。水在集热器表面受热膨胀，密度变小，而循环回路中的"冷水"密度较大，热水上升至保温水槽，冷水下降进入集热器受热，如此循环，使水箱中的水逐渐变热，达到令人满意的水温为止。热水通过专用管道送到家庭的浴室、厨房，这样就可以用上温热水了。在夏季，几乎全国各个地方都可以充分利用太阳能热水器来满足日常对热水的需求；在冬季，我国很多地方仍然可以用太阳能热水器满足大部分家庭的用水需求。

一般来说太阳能热水器按水流方式可分为闷晒式、直流式、循环式三种。

闷晒式太阳能热水器是将集热、蓄热合二为一的热水器。按盛蓄水器的不同可分为浅池型、塑料袋型、圆筒型三种。循环式太阳能热水器按循环的动力不同，又可分为自然循环式、自动循环定温放水式及强迫循环式三种。循环式全玻璃真空集热管太阳能热水器是利用真空集热管的高吸收率和低发射率，将吸收的太阳辐射转换成热能，利用冷水比重大，热水比重小的特点，在真空管内形成冷水自上而下，热水自下而上的自然循环，使整个水的温度逐步升高，达到一定温度。由于真空玻璃管是圆形的，具有对太阳光源自然跟踪的特点，再加上反光板的反射原理，使玻璃管四面受光，集热时间更长，水温更高，即使高寒地区一年四季也可以正常运行。

太阳能热水器的选购

一要看真空管：真空管是太阳能热水器最重要的部件，有粗管（一般直径为58毫米）和细管（一般直径为47毫米）之分。相对而言，粗管集热面积大，集热快，水温高，因此在选购时应优先选择粗管的太阳能热水器。制造真空管的材料主要有单靶机和三靶机两种，其中三靶机的质量较好，消费者在选购时可以通过外观鉴别。单靶机真空管色泽呈灰蒙蒙状，有色差，同时真空管的内壁为浅黑色；而三靶机真空管外观偏蓝，无色差，内壁为暗红色。真空管之间的管间距，一般在80毫米左右为宜。还要注意产品的设计是否能充分利用到真空管的吸热面，真空管能否最大程度受光。可以仔细观察真空管内玻璃管上的涂层，这层涂层叫太阳能选择性吸收涂层，质量好的涂层颜色均匀，膜层无划痕、无起皮或脱落现象，玻璃上也没有结石或节瘤现象，支撑内玻璃管的支撑件放置端正、不松动。

二要考虑重量：水箱对于热水器非常重要。一般重量大的水箱质量好。重量的多少主要是由水箱外壳的用材以及水箱外壳与水箱内胆之间的发泡层决定的。一般来说，平板保温层厚度应该大于等于50毫米，以聚胺酯整体发泡保温最好。聚胺酯发泡呈淡黄色，有点像海绵，发泡体有较均匀的细孔，用手挤压有一定的弹性，如保温层太软则说明其密度较小，不利于保温。一般比较差的水箱，其外壳是闪闪发亮的不锈钢材质（当前不少大城市已经禁止使用这种材料制成的热水器，因为存在着光污染），而且外壳的厚度不够，

重量较轻。发泡层直接关系到热水器的保温效果，因此对于热水器的使用也非常关键。一般名牌产品的发泡层采用机器高压发泡，使得外壳和内胆之间没有空气，同时发泡层密实厚重。因此，整个水箱掂起来往往较重。

三要考察支架：支架设计应合理，有足够的强度和刚度才能确保有足够的承重能力。一般质量较好的太阳能热水器，其支架采用的是铝合金支架，厚实并且牢固。北方城市冬季经常刮大风，热水器又是放在高层楼顶，很多太阳能热水器由于在抗风性设计和产品质量上存在一些问题，造成了吹落、塌架、真空管破碎等较为严重的后果。

四要看自己家庭的需要：在选购时还要考虑家中常住人口数量，以确定所购买家用太阳能热水器水容量的大小。一般以每人40升水的标准为宜。另外，在选购时应该问清楚销售商，他们所标称的容水量指的是全部的容水量还是实际能使用的容水量，两者相差多少。还要注意热水器以冬天好用为标准，看看冬天能不能提供足量的热水，冬天水箱保温效果如何，而价格不是最重要的。

五要看品牌和服务：一般来说，在品牌的选择上要舍"小"取"大"。品牌，是厂家对消费者的一种信誉担保，大品牌意味着更多、更可靠的保障。有些中小企业抱着捞一把就走的心态，产品质量、售后服务都难以保证。

家用太阳能热水器的售后服务非常重要：因为家用太阳能热水器是耐用消费品，而且通常是安装在楼顶，一旦出了故障，用户很难自己解决，所以售后服务一定要有保障。目前，市场上整机免费保修期一般为3年。

由于家用太阳能热水器是安装在户外，长时间使用，真空管就会被灰尘或杂质污染，从而导致吸热效率降低。所以应定期清洗热水器的真空管。

选购其他相关配件，如自动上水装置、水温水位显示仪、电磁阀等。对于这些装置的选择应慎重，有些功能看似先进，但组成部件过多，可靠性不高，时间一长就容易出问题，选择时一定要问清楚使用寿命和保修期限。

太阳能热水器的保养

对于真空管太阳热水器，要经常检查真空管的真空度或内玻璃管是否破碎，当真空管的钡—钛吸气剂变黑，即表明真空度已下降，需更换真空管；

巡视检查各管道、阀门、浮球阀、电磁阀、连接胶管等有无渗漏现象，如有则应及时修复。集热器的吸热涂层若有损坏或脱落应及时修复，所有支架、管路等每年涂刷一次保护漆，以防锈蚀。

要防止闷晒。循环系统停止循环称为闷晒，闷晒将会造成集热器内部温度升高，损坏涂层，出现箱体保温层变形、玻璃破裂等现象。造成闷晒的原因可能是循环管道堵塞，在自然循环系统中也可能是冷水供水不足，热水箱中水位低于上循环管所致；在强制循环系统中可能是由于循环泵停止工作所致。

安装有辅助热源的全天候热水系统，应定期检查辅助热源装置及换热器工作是否正常。若辅助热源是电热管加热的，使用之前一定要确保漏电保护装置工作可靠，否则不能使用。对于热泵——太阳能供热系统，还应检查热泵压缩机和风札工作是否正常，无论哪一部分出现问题都要及时排除故障。

热水器表面，要依地区落尘量，定期清除太阳能集热器透明盖板上的尘埃、污垢。下雨时能自行清洗，保持盖板的清洁以保证较高的透光率，可得到较高的集热效率。清洗工作应在清晨或傍晚日照不强、气温较低时进行，以防止透明盖板被冷水激碎。注意检查透明盖板是否损坏，如有破损应及时更换。真空管太阳热水器除了清洗真空管外，还应同时清洗反光板。

安装热水器时，输水管内可能沾有尘埃或油味，首次使用时可打开水龙头先排除杂物。连续晴天多日不使用热水时，热水温度很高，在使用时请先开冷水，后开热水，以免烫伤。

热水器内的存水，应根据当地的水质状况作定期的排放，排水时间可选于早上集热器较低温时。冬季气温低于0℃时，平板型系统应排空集热器内的水；安装有防冻控制系统功能的强制循环式热水器，则只需启动防冻系统即可，不必排空系统内的水。

定期进行系统排污，防止管路阻塞，并对水箱进行清洗，保证水质清洁。排污时，只要在保证进水正常的情况下，打开排污阀门，直到排污阀流出清水为止水。龙头出口端一般都有滤网装置，水管内的水垢杂物会聚集于此网，应定期自行拆下清洗，可使水量流出顺畅。

太阳能热水器平均每2~3年就需要进行清洗、检查、消毒，用户平时也

可以自己动手做一些消毒工作，如可买些含氯的消毒药剂往进水口倒进去，让其浸泡一段时间，再放出，能起到一定的消毒杀菌效果（使用消毒药剂时，请注意查看说明，并注意用量）。

53 电吹风、电熨斗的妙用

电吹风的妙用

一说到电吹风，大家首先想到的是吹头发。其实，在生活中，电吹风还是居家生活的好帮手，不妨一试。

家用电器受潮时，可用其吹干。

冬季食用油冷凝倒不出时，用电吹风对准油瓶口加热，可使食油迅速熔解。

邮票发霉，用电吹风驱潮十分有效。

塑料框的眼镜不合适时，电吹风吹几分钟后，可用手轻轻整形。

洗完瓶子，电吹风吹一下，会很快干燥，如果是细口长颈瓶，可用一个长颈漏斗，把热风吹入瓶底，形成热空气循环，也会很快吹干。

冬季鞋潮湿，对准鞋内吹干即可。

多雨天气，照相机使用后，可先用电吹风将盒内吹干。待冷却后，再将照相机置入，可防止照相机镜头发霉。

电冰箱的塑料封条不平整时，可用电吹风在曲折处加热。稍用力校平，压在玻璃板下，冷却后，即平整挺直，密封性能良好。

受潮的饼干，会失去原有松脆、可口的风味。若用电吹风对其吹一阵热风，冷却后，即能恢复。

梅雨季节，对家中的贵重物品，如书画、磁带等，用电吹风进行驱潮、防霉处理，十分有效。

电熨斗的妙用

可以杀灭蛲虫卵。蛲虫病患者除了遵医嘱服用驱虫药和搞好个人卫生外，每天起床后，要用温度在200℃左右的电熨斗在床单上来回缓缓熨烫，就可以将蛲虫卵杀灭掉。

可以杀灭跳蚤。家中有跳蚤时，在上床睡觉之前，将电熨斗插上电源，等到温度上升到足够的热度后，用熨斗在被褥上熨烫，藏在被褥上的跳蚤和跳蚤卵大多数可以被杀灭。

可以去除书籍上的油渍。书籍上沾了油渍，可以在油渍上放一张吸水纸，然后用熨斗轻轻的熨几遍，直到所有的油渍被吸尽为止。

可以去除漆面家具上的水印。把湿布覆盖在水印上，然后用熨斗小心的压熨湿布，不需要多长时间，渗入漆膜中的水就会蒸发出来，水印就自行消退了。

如果不小心把蜡烛油滴在衣服或者其他棉纺织品上，你可以先用小刀轻轻地刮去滴在衣服或者其他棉纺织品上的蜡烛油，然后用两张纸巾，分别放在衣服或者其他棉纺织品的正反面，然后反复用电熨斗熨烫，就可以将烛油清除。

54 牙膏、肥皂、洗发精的妙用

牙膏的妙用

牙膏不仅是洁口健齿的卫生用品，而且还能给您的夏日生活带来很多方便。

洗澡时用牙膏代替浴皂搓身去污，既有明显的洁肤功能，还能使浴后浑身凉爽，有预防痱子的作用。

夏日身体长了痱子，可用温水将痱子处洗净，涂擦一层牙膏，痱子不久即可消失。

皮肤小面积擦伤，局部肿胀，可在伤口处涂些牙膏，不仅具有止痛、止血、减轻肿胀的功效，还有防止伤口化脓的作用。

皮肤被蚊、蜂、蝎、蜈蚣等叮咬后，患处疼痛难忍，用牙膏擦抹患处，可起到止痒、止疼、凉血消肿的作用。

男子剃须时，可用牙膏代替肥皂。由于牙膏不含游离碱，不仅对皮肤无刺激，而且泡沫丰富，且气味清香，使人有清凉舒爽之感。

夏日人体容易发生皮癣，用清水将患处洗净、擦干，将牙膏涂抹患处，对治疗皮癣很有帮助。

夏季有些人爱犯脚气病，若用牙膏与阿司匹林（压碎成粉）混合搅匀，涂于患处，有止痒杀菌作用。

夏天人们出汗多，衣领、袖口等处的汗渍不易洗净，只要搓少许牙膏，汗渍即除。

牙膏不但能清洁我们的牙齿，还能清洁其他的东西呢。

用布蘸点牙膏擦拭水龙头，可使水龙头光亮如新。

用海绵蘸点牙膏刷洗脸盆和浴缸，效果很好。

用棉布蘸点牙膏，轻轻擦拭泛黄的白色家具，可使家具颜色还原如新。

用温热的湿抹布将灶台上的焦垢润软，然后用尼龙洗碗布蘸牙膏用力刷洗污垢，再用干净的布擦干净即可。

烹调完鱼后，手上仍残留有鱼腥味，不妨在手上挤点牙膏搓洗，鱼腥味便能立刻消除。

手上沾了食用油、签字笔油、汽车蜡或机油等难洗的油污，用牙膏搓洗就能清除。

衣服的袖口和衣领是比较难洗涤的，用牙膏涂在污处，反复搓洗，效果不错。

白球鞋穿久后常会泛黄，先用专用清洗剂处理，再用牙刷一刷，清水冲洗，球鞋便可洁白如新。

肥皂的妙用

肥皂除了可用于洗涤，还有其他用途。例如：

搬重物时，在地板上涂些肥皂，移动起来省时省力；上螺丝时抹些肥皂在螺纹上，可轻松将螺丝拧进。要给自行车的把手套上塑料管套，或在脚踏上套上橡胶护套，都是很费劲的事。在把手处或橡胶套内，涂一点肥皂水即可起到润滑作用，套入时比较省力。

刷油漆前，在指甲缝里涂些肥皂，油漆就不易嵌入指甲缝内。

家具被虫蛀蚀后，可用肥皂堵住洞口，或用浓肥皂液灌入杀虫。

在新布或光滑木板上书写毛笔字不清晰，可在墨汁中加浓皂再写，字迹便会显得清晰。

新麻绳或新线绳易断，可放入肥皂液中浸泡 5 ~ 10 分钟，绳子会变得结实。

往墙上贴纸前，在糨糊中兑入少许肥皂液，充分搅拌后再贴会更牢固。

误食有毒食物，药物，异物，在就医前先喝一些肥皂水，可以把腹中物吐出来，有利治疗。

可用肥皂使新的拉链变得好用。

手表金属壳涂上肥皂，再用布擦拭干净，可防止汗液侵蚀。

皮肤被蚊子叮咬后发痒，可用肥皂沾水涂于蚊虫咬叮处，片刻即可止痒。

小面积的水、火轻度烫伤产生灼痛时，可将烫伤处浸于肥皂水中，即可减轻灼痛感。

洗发精的妙用

如果不小心把果汁、酱油洒在了地毯上，该如何清洗呢？马上动手清洗的话，就不易留下污渍。不必用地毯专用清洁剂，家中随时有的洗发精就能派上用场。首先挤出洗发精，在掌中搓揉出泡沫，然后涂在地毯沾到脏污的地方，轻轻搓揉，让泡沫渗进去，大约 2 分钟后，用湿的抹布或湿巾擦过，污渍就消失不见了。

洗发精还可以用来当衣领净使用，也可以用来洗白袜子。

55 过期护肤品的妙用

我们的生活离不开护肤、清洁等生活用品，可是总会有这样的情况发生，一些护肤品还没有用完就已经过期了，那么这些过期的护肤品应该怎么处理呢？扔了怪可惜的，却又不能接着用，下面就来介绍一些科学利用过期护肤品的小方法，一定可以帮你解决生活中的小问题。

过期面霜：可以护理皮具，把它薄薄地均匀涂抹在皮性的手袋、钱包上，就可以起到保养的作用。比如在穿新鞋之前，你可以使用一些油性面霜代替鞋油擦鞋，这样能够很好地保护皮面。其实面霜还有很重要的一个优点，就是不分皮质颜色都可以使用，你就不会因为找不到同样颜色的鞋油而着急了。但是要注意，不要用有增白作用的面霜涂在深色皮具上。将面霜涂在发尾，可以起到护发素的作用；还可以抹脚，保护皮肤。

过期乳液：可以护甲，用化装棉蘸满乳液后包裹指甲，15分钟左右取下，可以让指甲变得十分亮泽，而且有益指甲的生长；可以护理头发，将乳液涂在发尾处，可以防止分叉，而且可使头发变得柔软；可以当做护脚按摩油，将乳液涂在泡好的双脚上，按摩让其吸收，可以保护足部皮肤。

过期洗面奶：可以当做清洁剂使用。因为洗面奶对清洁皮肤油污有很好的作用，所以可以用牙刷蘸洗面奶洗刷衣领、衣袖，效果都不错；还可以抹在白布上，用来反复擦旅游鞋，然后再用清水漂洗。

化妆水：含酒精的爽肤类化妆水可以擦梳妆台，擦油腻的餐桌、瓷砖和抽油烟机，最后用干净的抹布再擦一遍就可以了；保湿类的化妆水可以用来抹皮鞋、皮包、皮沙发，化妆水还可以擦镜子，非常干净。

爽身粉：用布袋把爽身粉装起来，放在衣柜或鞋子里，可以去潮气，还可以除味；细项链打结缠绕在一起，只要倒一点爽身粉，揉搓几下就可以轻松地解开；把爽身粉均匀地涂擦在冰箱门的封条与箱体接触的地方，可以延长封条的寿命。

过期沐浴露：用来清洗浴缸，效果非常好。

再来看看其他过期化妆品又有什么妙用：

口红：擦拭银器。银饰品戴久就会发黑，可以用口红解决。将口红抹在餐巾纸上，在银饰品发黑的地方反复擦拭，很快就会恢复到刚买的状态了；修复皮具。当红色的皮鞋或者皮具磨损破皮漏出来白色的茬口时，找对应颜色的口红涂抹遮盖后，补一点点蛋清就可以了。

香水：可以喷在洗手间内、车内、房间内、洗完的衣服上；还可以喷在化妆棉上，擦拭胶带留下来的痕迹；用过期的香水擦拭脏的灯具，即能清洁，同时灯具的发热还有利于香水的散发，可以使家中散发淡淡的香味，起到香熏的作用。

干粉底：用小布袋把碎干粉装起来，放在衣柜里或鞋里，可以去潮气；如果地毯上洒了水、油或者果汁，可以先用这个散粉包压一下，就更好处理了。

洗甲水：洗甲水的主要成分是丙酮，丙酮是一种有机溶剂，它有一些很好的妙用方法。可用于清洁油腻的餐桌、瓷砖、抽油烟机等，在涂抹之后用干净的抹布擦一遍就可以了；还可以用棉签蘸取洗甲水，擦拭电灯开关或者插座，效果比洗洁精还好；商品的不干胶标签，留下的印记很难除去，可将棉布浸湿拧干，蘸少量洗甲水，来回擦拭很快就能去掉。

56 洗衣机节水节能的窍门

过去奶奶、妈妈们洗衣服的时候就是拿一个大盆子，泡上衣服，用搓衣板用力搓洗，有时洗大件的床单、被罩或者厚衣服的时候，一洗就是半天，累得满头大汗。洗衣机的发明使她们解放了，现在洗衣服的活儿交给了它，只要放进衣服、水、洗衣粉，别的都不用管了，特别是新型洗衣机，洗衣全程用电脑控制，还带烘干，太方便了。可是，用洗衣机洗衣服要消耗水、电，那么，怎样在享受轻松的同时还能最大限度节约呢？

首先，要选一台节水、节能、洗净比高的洗衣机。节能洗衣机比普通洗衣机节电50%、节水60%，每台节能洗衣机每年可节能约3.7千克标准煤，相应减排二氧化碳9.4千克。如果全国每年有10%的普通洗衣机更新为节能洗衣机，那么每年可节能约7万吨标准煤，相应减排二氧化碳17.8万吨。2004年，我国新的《家用电动洗衣机国家标准》开始全面实施。新国家标准按洗净比、用电量、用水量、噪声、寿命等指标给洗衣机评级。按新标准将洗衣机分为A、B、C、D四级，分别代表国际先进水平、国内先进水平、国内中等水平和国内一般水平。我们具体选择时可从以下几个方面入手：(1) 洗净比。当前洗净比的国家标准为 0.7～0.8，有的洗衣机洗净比可达 0.911。一般可从产品说明书上看到该指标。（2）节水节能率。节水节能是相关的指标，也是目前人们最为关注的目标。节水节能从洗衣机的水位挡多少、可调洗涤时间、可调漂洗次数等参数反映。（3）洗衣机的噪声、寿命及价格等指标也应适当考虑。

弄清功能，合理用水，学会洗衣节水方法。 洗衣耗水是现代家庭用水的一大部分，特别是全自动洗衣机。虽然节省了人力和时间，但却大大增加了洗衣的用水量。当我们使用洗衣机时，应注意以下几个问题，以利更好的洗净衣物，并能有效地节约用水：（1）先将新洗衣机的功能弄清楚。根据洗衣机的说明书和实际使用的经验，了解清楚洗衣机洗衣容量、各种不同衣物的时间和漂洗次数。（2）了解洗衣机各档的大概用水量和衣物的洗涤重量。一般洗衣机高、中、低水位相对应的用水量约为 160 升、130 升、80 升左右。洗衣机高、中、低时的洗衣量应根据洗衣机的性能决定，一般说明书上都写得很详细，要仔细阅读。（3）根据所洗衣物的多少，确定洗衣机的水位。这样，既保证洗衣的质量，又控制用水量。当洗少量衣服时，用高水位，衣服在高水里漂来漂去，互相之间缺少摩擦，反而洗不净衣服，还浪费水。目前，在洗衣机的程序控制上，厂商开发出了更多水位段，将水位段细化，洗涤启动水位也降低了 1/2，洗涤功能可设定一清、二清或三清等几种情况。我们可根据不同的需要选择不同的洗涤水位和清洗次数，从而达到节水的目的。

提前浸泡衣物可节水。在正式洗涤前，先将适量洗衣粉放入水中，摇匀，然后将衣物浸泡在水中 10～14 分钟，让洗涤剂对衣服上的污垢起作用后再洗涤，这样可以减少洗涤时间和漂洗次数，既节省电能，又减少耗水。

洗衣服时，加入洗衣粉的多少不仅关系到衣物洗得干净不干净，也关系到漂洗次数和时间，更是节水、节电的关键。因此，应根据衣物的性质和脏净程度，适量掌握好洗衣粉的分量。以额定洗衣量 2 千克的洗衣机为例，低泡型洗衣粉，低水位时约用 40 克，高水位时约需 50 克。按用量计算，最佳的洗涤浓度为 0.1%～0.3%，这样浓度的溶液表面活性最大，去污效果较佳。

根据衣物性质、脏净度巧用洗衣机。为更好地利用洗衣机，即洗干净衣物，又达到节水的目的，一般可从以下几个方面寻找窍门和经验：（1）先薄后厚。一般质地薄软的化纤、丝绸织物，4~5分钟就可洗干净，而质地较厚的棉毛织品10分钟才能洗干净。厚、薄衣物分开洗，可有效缩短洗衣机的运转时间，降低用水量（水位）。（2）分色洗涤。不同颜色的衣服分开洗，先浅后深，可以节水。（3）分类洗涤。将需要洗的衣服根据脏净程度、污物的类型分类，分别采取不同的洗涤方式、不同的水位、洗涤时间和不同的漂洗次数。一般应按先洗干净衣物，再洗较脏衣物的顺序洗涤。对不太脏的衣物，尽量少用洗涤剂并减少漂洗次数。由于当前衣物的质量比较好，衣物基本上还没有穿破（坏）就淘汰了。每次漂洗水量宜少不宜多，以基本淹没衣服为准，可达到节水目的。水量太多，会增加波盘的水压，加重电机的负担，增加电耗；水量太少，又会影响洗涤时衣服的上下翻动，增加洗涤时间，使电耗增加。洗少量衣服时，把水位定低些。衣服在高水位里漂来漂去，缺少摩擦，不仅洗不干净，还浪费水。（4）集中洗涤。当所洗的衣物较多时，最好采用集中洗涤的办法。即一桶洗涤剂连续洗几批衣物，洗衣粉可适当增添，全部洗完后再逐一漂清。这样就可省电省水，节省洗衣粉和洗衣时间。

还要掌握好洗衣量，若洗涤量过少，电能白白消耗；反之，一次洗得太多，不仅会增加洗涤时间，而且会造成电机超负荷运转，既增加了电耗，又容易使电机损坏。另外，全自动洗衣机可选择在晚上10点以后开动（适合峰谷电用户）。

正确掌握洗涤时间，避免无效动作。 衣服的洗净度如何，主要是与衣服的污垢的程度、洗涤剂的品种和浓度有关，而同洗涤时间并不成正比。超过规定的洗涤时间，洗净度也不会有大的提高，而电能则白白耗费了。洗衣机有"强洗"和"弱洗"功能，"强洗"比"弱洗"要省电。因为同样长的洗涤周期，"弱洗"比"强洗"的叶轮换向次数多

调好洗衣机的皮带。 皮带打滑、松动，电流并不减小，而洗衣效果差；调紧洗衣机的皮带，既能恢复原来的效率，又不会多耗电。

程序合理。 衣物洗了第一遍后，最好将衣物甩干，挤尽脏水，这样，漂洗的时候，就能缩短时间，并能节水省电。漂洗时，最好把衣物上的肥皂水或洗衣粉泡沫甩干后再漂洗，以减少漂洗次数；脱水时间要缩短，一般衣物脱水2分钟就可以了，尼龙制品1分钟就够了。

我们生活中大都使用的是功能比较齐全的大桶带甩干功能的洗衣机，它的确好用，但太浪费水了，洗一桶衣物就要用掉大约 100 升水。而超市里卖的超小洗衣机虽功能不全，但非常省水，一桶只消耗 10 升水左右，而且价钱不贵，我们不妨也备一台。洗衣时，特别是洗很多衣物的时候，先挑浅颜色的后挑深颜色的衣物分批在小桶里洗涤后，再放在大洗衣机里甩干，然后放在盆里，接着再在小桶里逐一漂洗后放在大桶洗衣机里甩干，洗涤过程中可稍微加些洗衣粉，这样大小桶混用，取长补短，可省电、省水、省洗衣粉和洗衣时间。

漂洗后的水还可以用来洗拖把或者冲马桶，达到节水的效果。

为了节能节水，我们提倡每月至少手洗一次衣服，如袜子和每天换洗的小衣服最好用手洗，如果只有两三件衣物就用机洗，会造成水和电的浪费。如果每月用手洗代替一次机洗，每台洗衣机每年可节能约 1.4 千克标准煤，相应减排二氧化碳 3.6 千克。如果全国 1.9 亿台洗衣机每月都少用 1 次，那么每年可节能约 26 万吨标准煤，相应减排二氧化碳 68.4 万吨。

57 巧妙洗去衣服上的污渍

去除墨水渍、圆珠笔渍

衣服上不小心弄上了墨水渍、圆珠笔渍是很难洗掉的，下面的办法可以试试。

新染上的红墨水渍可先用水洗，然后放入温热的皂液中浸泡，待色渍去掉后，再用清水漂洗干净。污染时间较长的红墨水渍，先用水洗，再用 10% 的酒精水溶液擦拭去除。新玷污的蓝墨水渍可用肥皂、洗衣粉等洗涤剂搓洗去除；污染时间较长的蓝墨水渍，可用草酸溶液浸泡后搓洗，然后再用洗涤剂清洗去除。

至于圆珠笔油渍，首先要看看衣服是什么料子，如果是棉和棉涤织品，一般是在污渍下面放一块毛巾，用小鬃刷沾上酒精顺丝轻轻刷洗，待污渍溶解扩散后，再把衣服泡在冷水中，抹上肥皂轻轻刷洗，这样反复两三次，就能基本除去圆珠笔油。如果洗后还留有少量残迹，可再用热肥皂水浸泡或煮沸就可以除去。如果毛料装沾上圆珠笔油，可先把污渍处放到三氯乙烯和酒精（比例是 2：3）的混合溶液中浸泡十分钟，同时不断用毛刷轻轻刷一刷，待大部分油渍溶解后，再用低温肥皂水或中性洗衣粉洗净。

去除果汁和茶渍

衣物沾上了茶水渍，如果是刚染上的，可用 70～80°C 的热水揉洗去除。如果是旧渍，就要用浓盐水浸洗。还可以用布或棉团蘸上淡氨水擦拭茶渍处，或用 1：10 的氨水和甘油混合液搓洗去除。如果被污染茶渍的衣物是毛料的，应采用 10％ 的甘油溶液揉搓，再用洗涤剂搓洗，最后用清水漂洗干净。

如果是果汁，新染上的应及时用食盐水揉洗，程度严重有痕迹的，可再用 5％ 的氨水溶液揉搓，最后用清水漂洗洗净。如果是桃汁，要用草酸才能去除。对于轻微的果汁渍可用冷水洗除，一次洗不干净，再洗几次，洗净为止。污染较重的，可用稀氨水（1 份氨水冲 20 份水）来中和果汁中的有机酸，再用肥皂洗净。呢绒衣服可用酒石酸溶液洗。丝绸可用柠檬酸或用肥皂、酒精溶液来搓洗。

新渍可用浓盐水揩拭污处，或立即把食盐撒在污处，用手轻搓，用水润湿后浸入洗涤剂溶液中洗净，也可用温水搓肥皂强力洗除。重迹及陈迹在清除时，可先用 5％ 的氨水中和果汁中的有机酸，然后再用洗涤剂清洗。对含羊毛的化纤混纺物可用酒石酸清洗。

58) 皮鞋、靴子的收藏与保养

皮鞋的保养

选购皮鞋应该注意，皮鞋不像布鞋，就是穿旧了也不会撑大。所以，买皮鞋时一定要买稍大一点，不然买时穿着合脚，穿起来往往脚趾疼痛，甚至会挤出水泡，而且由于鞋面绷得很紧，皮革容易起皱、破裂，缩短皮鞋的寿命。

要使皮鞋耐穿，应该经常擦油。擦油不但能使皮鞋光亮美观，而且能使皮革柔软耐折。有的人穿新皮鞋时还注意经常擦油，皮鞋一旧就不想擦油了。其实旧皮鞋的鞋面已经起皱折裂，更需要经常擦油保护。鞋油应该选择好的用，因为质地次的鞋油不但不能保养皮革，反而容易玷污皮革，影响美观。擦鞋油时，要用棉花或软布轻轻均匀地擦抹，不宜用旧的猪鬃刷或尼龙牙刷擦油，容易损坏皮革，影响鞋面的光洁度。

如果皮鞋的鞋底是硬皮的，就不宜在泥地里行走，否则鞋底会受潮受软，干燥后容易走样，而且硬皮底弄湿后不耐磨，容易磨穿。就是穿软底的皮鞋，也不要在泥地里走，以免鞋底上的麻线浸湿霉烂。同时，雨天穿皮鞋，皮子遇水膨胀，容易走样、退色。鞋面受潮干燥后还容易发硬起皱。皮鞋沾上泥灰时，应该用软刷子仔细刷掉，不宜用湿布擦。遇水的皮鞋，应该放在阴凉通风的地方晾干，切忌放在阳光下曝晒或放在火炉旁烘烤，以免鞋面发硬出现裂缝或变形走样。

不要让皮鞋碰到油类、酸性、碱性和尖锐物质，以防腐蚀受损。彩色皮鞋（包括白色皮鞋）在穿着中尤其应该注意，不能碰到污水、污物和茶渍。

皮鞋不穿时，最好用鞋撑子撑起来，以防走样。如果暂时不穿，应擦干净，抹上鞋油，放在干燥的地方保存起来。里层有毛的皮鞋应放些樟脑粉或樟脑丸防虫蛀，切忌挤压造成变形。存放一段时间后（特别在梅雨季节）要拿出来通风，重新擦净防止发霉。

遇到新鞋不易穿上时，不要勉强，应利用鞋把，脱鞋时，不要踩着后跟，以免出现堆跟现象。

一双皮鞋最多只能隔天穿一次。因为皮鞋穿一整日后汗水会令鞋内产生湿气，所以回家后，应将皮鞋放在阴凉处吹吹风，以防滋生细菌。

现在很多人喜欢穿漆皮鞋，亮晶晶的很好看不说，还不用擦鞋油，省了很多事。其实漆皮是已经被破坏的皮革，是在原皮革上做一定的化学处理才显现的效果。漆皮最重要的一大特点是很亮。所以当你发现自己的鞋子有污迹而不亮的时候，请使用干棉布沾漆皮保养液，均匀地擦拭鞋面。切记，不要用湿布擦，或用毛刷来刷。长期使用湿布或半湿布擦拭，会使漆皮表面失去光泽、干裂，缩短鞋子的寿命。

擦鞋小窍门

用牛奶擦皮鞋。喝剩的牛奶或有些过期的牛奶，不要倒掉，用它擦皮鞋或其他皮革制品可以防止皮质干裂。

要想把皮鞋擦得很亮，可在鞋油里滴上几滴清水，旧皮鞋擦好油后再涂一层地板蜡，然后用软布抛光，光亮异常，旧鞋变新鞋。

柠檬汁或牙膏擦皮鞋光又亮。浅色的皮鞋很容易弄脏，擦鞋时，先用柠檬汁或者牙膏擦，然后再擦鞋油，都会光亮如新。

用旧丝袜套在鞋刷上擦鞋。把旧丝袜或旧呢绒袜剪下来套在鞋刷子上，再蘸鞋油擦皮鞋，能把皮鞋擦得特别光亮。

皮鞋涂凡士林会变软。皮鞋长时间没有保养擦油，皮鞋油脂散失，鞋就会发硬，这时涂一层凡士林，待吸收之后再擦鞋油，皮面就会变软，如果皮面过于干燥，千万不能硬穿，最好取一块鸡油或肥猪肉，反复擦抹，再用微火烤一下，使油脂渗进皮面里，过两天用酒精棉球将鞋擦净，再上一层鞋油，鞋面就极富光泽，柔软如初了。

鸡蛋清可除皮鞋皱纹。皮鞋穿久了，鞋面上会出现皱褶甚至裂纹，可取些鸡蛋清涂在皱褶处，然后再擦鞋油，如果有了裂纹，可取石蜡填在裂处，然后用熨斗熨平。

靴子的收藏保养

在寒冷的冬天，靴子是我们出门时防寒御冷的必备物品，特别是女孩穿的靴子，式样美观大方，不但可以御寒，还可以美化自己的腿部。冬天过后，穿了一冬的靴子该收起来了，怎样收藏才能既延长靴子的寿命又可以尽量保持靴子的美观呢？

第一个步骤：除臭。在收起靴子前，首先要去除鞋内的异味，较为简单的方法是更换鞋垫，不仅能快速去除异味，还能减少鞋内的细菌数量。如果鞋子里异味较重，可以把少量的卫生球粉均匀地洒在鞋垫底下，能有效去除鞋内异味。

第二个步骤：清洁。对于皮靴，先用柔软、干净的棉布擦拭整双鞋，去除表面的灰尘和易于擦洗的污垢；然后用软布蘸些专用的皮革清洁剂，针对特别脏的部位进行重点清洁；最后，再用上光和去污二合一的皮革光亮剂为靴子上光；各种布料制成的雪地靴则需要用软刷、清水、纯白牙膏或者洗洁精、小梳子、吹风机等工具。白色雪地靴的鞋面和靴筒可用软刷蘸少许纯白牙膏和清水刷洗，然后在潮湿的手中倒入少许洗洁精，清洁靴筒上的人造毛，用清水过洗、挤干水分。最后，当雪地靴自然晾晒至八成干时，用小梳子和吹风机将人造毛吹干，给靴筒定型。浅色及深色雪地靴需用软刷蘸取少许洗洁精稀释液刷洗，其余清洁步骤与白色雪地靴清洁方法相同。

而麂皮、磨砂皮、翻绒皮等皮革面料较为特殊，建议选择专业的清洁保养工具，一般要用麂皮胶擦、麂皮清洁水、翻绒皮鞋刷、麂皮保养补色剂等保养工具。步骤是：用麂皮胶擦擦除鞋面上的小块污渍；如鞋面较脏，则需要使用麂皮清洁水。可先将麂皮清洁水摇晃，然后充分喷湿鞋面，用翻绒皮鞋刷橡胶面来回反复刷，使纤维两面的污渍都去除，用潮湿海绵将脏泡沫吸干。对于污渍较重或被磨光的部位，可用翻绒皮鞋刷铜丝面处理；用麂皮保养补色剂对鞋面进行补色保养，使用前应先将补色剂摇匀，在距鞋面15厘米的位置喷涂补色剂，然后用翻绒皮鞋刷橡胶面顺毛擦一遍，颜色均匀即可。

第三个步骤：整形。除臭、清洁工作完成后，接下来就需要对冬鞋进行整形了，可别小看几个小小的"整形手术"，能让你的靴子刹那间焕然一新。

方法一：针对脚踝处起了褶皱的靴筒，可以塞入一团报纸，把瘪下的部分撑起来。

方法二：靴筒变形会不美观，不当的收藏方法会让靴筒的变形变本加厉，鞋店会用靴筒定形棒使皮靴保持笔直挺拔，建议家中可在空饮料瓶上包几层报纸代替。

方法三：用宽大的晾衣架把皮靴夹起来悬挂一天，利用皮靴本身的重量恢复其笔直形态，为了防止夹子对靴筒的伤害，可以在夹子里垫上餐巾纸再悬挂。

第四个步骤：收藏。收藏冬鞋前，除了要清洁鞋，还要在鞋子上涂一层薄薄的生动物油。需要提醒的是，鞋油属于干燥性油，涂抹后皮革易发生断裂，因此长期保存皮鞋不宜涂抹鞋油，而应当涂一层生动物油，如用一块生猪油或生羊油反复涂擦鞋面，便能防止鞋面干燥、断裂了。

完成以上所有步骤后，还需将冬鞋放在通风处晾晒 1 ~ 2 天，然后放入"原配"的鞋盒，就能保证冬鞋日久如新了，既可以长时间穿着自己喜欢的靴子，又可以省钱，何乐而不为呢？

59 布鞋、球鞋的保养和清洗

布鞋的保养和清洗

现在，很多人喜欢穿布鞋。布鞋不但穿起来轻便舒适，在设计方面也美观大方，很多著名的时尚品牌也有布鞋，很多中学生喜欢穿设计时髦的帆布鞋，布鞋已不再是廉价低档次的同义词了。

在选购布鞋时，不要购买无产地、厂名、商标的鞋。这种三无产品质量无保证，可能会损害您的脚，正规厂家的鞋号应为中国标准鞋号，如 38 码的鞋，应标为 240，并带有国家权威部门注册的商标、标志。在选购时要留意鞋底，好的鞋底使人走路舒适。要选购没有异味、外观光滑、弯曲时软硬适度的产品，购鞋时用手按压要有弹性。要选购鞋的里和衬为纯棉的产品，这种鞋穿上后舒适、透气，对脚有保护作用。

刷鞋时切不可将鞋泡在水盆里，应蘸水刷，轻柔均匀地用力，不可用力猛刷，以免断线或刷掉鞋身的图案和装饰部件。清洗后放通风阴凉处自然晾干，不要放烈日下暴晒或在高温的地方烘烤，以防退胶或脱胶，加速老化。非专业的劳动胶鞋不要和酸、碱、盐等化学物质接触，以免受腐蚀脱胶变形。避免鞋和锋利尖锐的物品接触，以防划伤划破鞋面鞋身。对于白色的帆布胶鞋，小心不要让碳素墨水等难以清洗的物品撒到鞋面上；白色的帆布鞋清洗干净后，在鞋面、鞋身涂上牙膏，或白色粉笔粉末，注意要均匀，然后晾干，可防变色，或者找两张白色干净的纸蒙在鞋身上面，晾干后撕掉，也可防变

色。鞋子出现断线、掉线，或装饰部件松动等小毛病应及时送修，以延长其使用寿命。汗脚重的人，在穿鞋前可先在鞋内喷点陈醋，可以减少臭味，另外帆布鞋穿脏应及时清洗，以防发霉发臭。不要用洗衣机洗布鞋，有人认为帆布鞋抗折，价钱又低，懒得手洗，却不知鞋身的装饰部件和鞋身是不一样的，用洗衣机洗很容易脱落退色。如遇雨水或鞋底被浸湿，切不可捽拧，应及时刷净，鞋面朝上晾干，不可曝晒。绣花鞋、缎面鞋，因鞋面薄软，不能与硬物磕碰、剐蹭，以免破损。存放时，将鞋置于阴凉通风处，切勿受潮。毛料面、毡绒里的鞋应放樟脑防虫蛀。

球鞋的保养和清洗

　　篮球鞋是男同学最常穿的鞋，怎么样来保养好你的"战靴"呢？

　　不穿的时候，应该把鞋放在一个较为干燥通风的地方，避免阳光直射，因为潮湿的环境会引起鞋体的腐化，太阳光的暴晒会使鞋的一部分材料变质变色。但是放鞋的地方又不宜过于干燥，会导致皮革的龟裂。保存鞋的时候，应该在鞋内塞上柔软的纸团，纸团可以将鞋子内部残余的水分吸收保持内部的干燥，这样做有利于保持鞋形的固定，不至于在使用过后"垮掉"。

　　清洗方面，针对不同的材料应该有不同的方法。鞋的外底以及侧面材料部分，可以喷少许衣领净，过十几秒后拿软毛牙刷轻轻刷洗，但是刷洗的时间不宜过长，刷完后应该及时用温水或者凉水把泡沫冲掉，尽量减少化学物品对鞋的侵蚀。清洗过后应马上用干抹布将残余的水擦拭干净，如果清洗的鞋是可见式气垫的，则在以上工序完毕之后首先将气垫周围的水擦干净，以免使有些遇水时间长就分解的胶水发生化学变化导致开胶。

　　如果可能的话，用牙签将鞋底纹路中的小石子剔除，长时间夹住异物会使鞋底纹路变形，在一定程度上会影响鞋的制动性能。鞋面的清洗方法则要看其主要构成的材料是什么。一般的清洗方法就是用抹布沾上少许清水，然后轻轻地在鞋面擦拭，并注意鞋面上的脏物是否是"硬伤"，如果鞋面有开裂的硬伤，则跳过有伤的地方，因为继续擦会使伤口变得更脏，甚至裂纹变大。

　　在正常的磨损不可避免的情况下，应该提高换鞋的频率，让鞋有一个休息的时间，在下一次使用之前，可以恢复到一个比较"健康"的状态。鞋一旦脏了应该尽快清理，避免污渍长时间停留在鞋上导致鞋面变质等情况出现，而且长时间不清理会增加清理的难度。

60 旧丝袜的再利用

夏天过去了，家里留下一大堆穿剩下的破旧丝袜，扔掉挺可惜的，这些旧丝袜可以再利用吗？

家里水槽的过滤网破了，不要重新去买，用旧的丝袜来代替过滤网就可以了。

丝袜还可以用来擦洗门窗或者茶几等玻璃制品，比一般的抹布都好用。抹布擦玻璃总是会留下很多的棉屑，但是用丝袜擦就绝对不会出现这个情况。

丝袜还可以帮你整理雨伞呢。雨伞用得时间长了，用于整理的粘扣就会失去黏性，再也粘不住了，这时可以把伞卷起来，装进丝袜里进行保存。

在旧丝袜内装入茶叶渣后封口，无论放入鞋子或冰箱内，都是极佳的除臭剂。

如果装入洗衣粉，可以使洗衣粉顺利溶解，不结块。而不锈钢厨具，如水龙头等，若是需要打磨发亮，用丝袜擦，绝不残留刮痕。

丝袜的延展性佳，也适合当做绳子的代用品，绑报纸、杂志很好用。

61 怎样保养塑料雨衣和晴雨伞

下雨的时候很多同学喜欢穿着塑料雨衣出门，特别是骑自行车的时候，更是离不开塑料雨衣遮风挡雨。但是，天晴了，怎样保养好塑料雨衣，使得它可以穿得时间长又好看呢？这就与平时的保养有关。

塑料雨衣有了皱折，不能用熨斗熨烫，因为聚乙烯薄膜在130℃的高温下会熔化成胶状。如果是轻微的皱折，可以打开雨衣挂在衣架上，让皱折逐渐平复；如果皱折严重，可把雨衣放在70℃～80℃的热水里浸泡1分钟，然后

拿出来晾干，皱折也会消失。雨衣浸泡时或浸泡后，不能用手拉扯，以免变形。

雨天使用完雨衣后，要先把上面沾的雨水抖落，等到晾干后，折叠起来放好。存放的时候，雨衣上不要放重物。否则，时间一长，雨衣折缝的地方很容易出现裂纹。

塑料雨衣如果沾上了油污灰垢，可把它放在桌上摊平，用软毛刷沾肥皂水轻轻刷擦，然后用清水冲洗，但切记不能用劲揉搓。洗完以后，晾在通风的地方，避免日晒烘烤。

塑料雨衣脱胶或破裂以后，可在破裂的地方盖上一小块薄膜，上面盖上一张玻璃纸，然后用普通电烙铁很快地压一压（受热时间不能过久）。

伞是家庭必备物品，晴天可以用来遮阳，雨天更需要它来遮挡风雨，保养雨伞就显得十分重要，正确的保养可延长雨伞的使用寿命。

新买来的雨伞，千万不能长期放置，必须经雨淋洗去酸性后才能放置，新伞不宜长期搁置不用，以免存放过久而发脆变质。

雨伞在打开之前，要将伞骨抖松、理直，特别是折伞、童伞更要注意，否则容易折断伞骨，扯破伞面。

雨伞淋湿后要及时晾干，不要带水折叠起来，没有条件撑开晾时，应将伞柄朝下放置，让伞上的水沿着伞骨往下淌；如果伞尖朝下放置，则水会聚集在顶部，容易腐烂伞面，铁的伞骨沾水后容易生锈。晾干后用软布干擦内外伞杆、伞面，倒挂在通风处晾干，然后收存，有条件的可以在伞骨、伞柄处涂上少量润滑油，以防止生锈、发霉。

伞要挂在通风处，不可放在灰多及潮湿的地方。伞布染黑后含有酸性，切勿挂在含有碱性的石灰墙上，防止起化学反应，使伞面发脆。不让伞接近高温，防止变形。

伞柄大多是塑料的，不宜接触高温。不用伞挑东西，不用伞当手杖。

另外，太阳伞也要擦干净，晾干，室温下放一会，再收起来，不能晒得很热就收起来，这样伞面容易老化，发脆，易烂。尽量不要让伞在烈日下暴晒。尼龙伞面应防止烟灰、火星溅上，以免烫破伞面。塑料伞面应避免阳光暴晒，以免老化。

　　平时不小心把伞弄脏后，一定要及时擦干净，不要等时间长了再去擦，这样既不容易擦净，对伞的养护也不利，会缩短伞的寿命。但如果是雨伞溅了泥，就不要急于清洗，可等晾干后用软刷子刷。布伞和绸布伞宜用酒精溶液或稀洗衣粉溶液洗刷，然后用清水洗净再晾干；绸布伞不能撑开洗刷，否则干后容易破裂；刷伞的时候可以放点白醋，先往杯子里倒一杯底洗涤剂，再倒半杯白醋，然后兑水到杯满，把液体搅一下，再拿刷子刷，就可以轻松除去雨伞上的污垢了。布伞忌用汽油、煤油洗刷；深颜色布伞可用浓茶水洗刷；花布伞有污迹时，用醋、水各50%的溶液清洗比较容易清洗干净。

　　拴上小细绳避免风大将雨伞吹翻。目前，各种折叠自动伞花样繁多，但这些伞都存在着一个弊病，即在刮风天容易被吹翻。为防止上述现象发生，把雨伞打开，在雨伞铁枝条的圆托上，按枝条数拴上较结实的小细绳，细绳的另一头分别系在铁枝条的端部小眼里。这样，无论风怎样刮，雨伞也不会上翻了，并且丝毫不影响它的收放及美观。

62　家庭冲厕怎样节水

　　据用水管理部门测算，城市家庭冲洗厕所用水量约占家庭总用水量的1/3。因此，在保证卫生清洁的前提下，家庭冲厕节水是非常必要的。

　　改造旧马桶。家中早些年安装的老型号的抽水马桶，其容积在9~12升左右，有的达15升，而冲厕时用6升水才能冲洗干净，这是马桶设计造成的浪费。如果全部换掉会造成不小的花费。那么，能否考虑在不更换抽水马桶的情况下，达到节水的目的呢？做法是：在水箱中放几只装满水的可乐瓶子（1升/瓶）或砖块。这样，可将水箱的有效容积减小几升。根据水箱大小，多的可放3~4个，少的也可放2个；此方法简单易学，实实在在，材料唾手可得，收到的效益非常明显。

　　改造老式水箱，可节水1/3~1/2。改造老式水箱的节水原理是：对分离式水箱和坐便器，在水箱里用一根金属丝制成"弹性装置"，先把金属丝紧紧地缠在水箱的溢水管上，然后再把金属丝的两端搭在水箱的皮阀上。冲水时，按下水箱的扳手，拉起皮阀，皮阀把金属丝抬起，松开扳手后，金属丝的弹力就把皮阀弹回到关闭状态。这样可通过扳手随时控制用水量。使用节水装置后，每次冲小便的用水量可以控制在水箱总量的 1/3 左右，约 4 升水。大便控制在原水箱的 1/2，大约 6 升水。全家每日用厕所 15 次计算，原来 12 升的老式水箱，每日需要约 180 升水；用了改进的节水装置，一天仅用水约 70 升，节水量为 110 升左右，这样一个月可节约用水 3300 升左右。

采用新型节水器具，节水效果明显。为了有效节水，国家已经颁发了新的卫生洁具标准，规定 6 升的节水马桶为标准。这就要求家庭新装修时，应采用 6 升的标准水箱。有条件的家庭和单位，应更换国家推荐的节水型卫生器具。建议大家在安装节水型用水器具和卫生洁具时，采用陶瓷芯片密封式水嘴，淘汰螺旋升降式铁水嘴。当前新型节水器具主要是采用了 3 升/6 升双键水箱。这种双键水箱可以根据需要冲出 3 升或 6 升的水量。按一家 3 人计算，仅采用 3/6 升马桶一项，每月可节约自来水 2000 升左右，还能减少 2000 升污水的排放。对自己有利，对国家也有利，对环境更有益。真是一举三得啊！

利用洗澡、洗菜等废水冲洗厕所。据统计，家庭用水中，冲厕用水最多，约占全部用水的 1/3。那么，能否用洗菜、洗澡的水冲洗厕所呢？当然可以，其做法是：在淋浴洗澡的时候，脚下放个大盆，将洗澡水接蓄起来，然后存放在一个大水桶内。然后，再用这些洗澡废水冲洗厕所。另外，洗菜后的废水也一样，收集起来用于拖地、冲洗厕所等。如每个家庭，都可根据用水的多少和特点，建立一套家庭水循环多次利用程序，就能更好地做到节约用水、节约能源。

堵住漏水的水箱和阀门是厕所节水的重要措施。一些老水箱，由于使用时间长，阀门、止水橡皮老化，出现了少量长期漏水的问题。这些问题由于

国家节水标志

人 与 环 境 知识丛书

水流小、水声轻，往往不会引起人们的注意，然而天长日久，其漏水量是很大的，必须高度重视，及时进行维护和处理。水箱漏水可能存在的原因：第一是进水处的止水橡皮不严，水箱充满后，水从溢流孔流走；第二是出水口止水橡皮不严，漏水不停。这些问题解决起来比较简单：首先调整和修理进水口的橡皮塞，当水箱达到一定水位后，使其能及时封堵住进水口；其次是控制好封盖泄水口的半球形橡胶盖，通常是橡胶盖较轻，以致封盖不够严密而漏水，可在连接橡胶盖的连杆上捆绑少许重物，如大螺母、小不锈钢件等，注意捆绑物要尽量靠近橡胶盖，这样就比较容易盖严泄水口，漏水问题就解决了。第三是对所有的阀门进行检查维修，保证运行灵活、封闭严密、安全可靠。

除了这些改造"硬件"的措施，我们还要克服一些不良的用水习惯，如有的人把剩茶水、剩饭、剩菜、烟灰都倒在马桶里，然后用水冲走，这种举动看着是小事，但日积月累，浪费的水太多了。

63 樟脑丸的妙用

穿了一天的鞋和袜子上，臭味会很重。鞋柜里因为鞋子有味，久而久之里面也有臭味了。拿一张稍硬的纸，把樟脑丸包起来，找一个工具把它碾碎，把樟脑丸粉末均匀地洒在鞋内，在上面放上鞋垫，这样就能去除鞋子的臭味了。

将樟脑丸磨碎，撒在屋内墙角，可以有效地祛除蚊子。

食物产生的垃圾，到了夏天容易腐坏，不想让垃圾有异味，可以在垃圾桶底部放置樟脑丸来除臭，这样还可避免苍蝇蚊虫滋生。

收藏凉席时，把两三粒樟脑丸研成粉末和滑石粉拌匀，洒在清洁干燥的席面上，用纸包卷起来，放在干燥的地方，可防止凉席生霉。

在外墙的孔洞或者通风口放上樟脑丸，可以防止害虫、老鼠进入屋内。

在银首饰盒或放餐具的抽屉中放几粒樟脑丸，可以防止银器发暗。

64 蚊香灰、香烟丝的妙用

蚊香灰的妙用

在日常生活中，很多人都是将蚊香灰当做垃圾清理掉，其实蚊香灰有很好的再利用价值。蚊香灰含钾，是理想的盆栽肥料，还可用来清洁日常用具。

将蚊香灰洒在需要清洁的刀具上，准备一块干净的抹布，用力地摩擦，可使刀面变得光亮。

用湿布蘸一些蚊香灰，擦拭脏茶杯，能使茶杯光亮如新。

香烟丝的妙用

抽烟对人的健康有害，但香烟丝却可以帮我们很多小忙。

除污垢：将吸剩下的香烟丝与洗衣粉一起放在水盆里，待溶解后擦洗纱窗，效果很好。

擦玻璃：用香烟丝擦挡风玻璃，除污效果颇好。

除臭味：将香烟丝放于厕所内，能防止苍蝇、蚊子和细菌的繁殖，并有除臭作用。

止痒：皮肤被蚊子叮咬后，感到瘙痒。用香烟丝蘸水，涂擦患处，便可以消肿止痒。

除花虫：将香烟丝放在茶杯里浸泡，再加入肥皂溶液少许，喷洒在盆花上，可杀死蚜虫。

擦戒指：将香烟灰与菜油各半混合，用以擦拭金戒指，可使其金光闪闪。

65 废瓶子的妙用

制小喷壶：有些饮料瓶的色彩鲜美，丢弃可惜，可用来做一个很实用的小喷壶。用废瓶子做小喷壶时，只要在瓶子的底部锥些小孔即可。

制量杯：有的瓶子（如废弃不用的奶瓶等）上有刻度，只要稍加工，就可利用它来做量标用。

使衣物香气袭人：用空的香水瓶、化妆水瓶等不要立即扔掉，把它们的盖打开，放在衣箱或衣柜里，会使衣物变得香气袭人。

擀面条：擀面条时，如果一时找不到擀面杖，可用空玻璃瓶代替。用灌有热水的瓶子擀面条，还可以使硬面变软。

除领带上的皱纹：打皱的领带，不必用熨斗烫，也能变得既平整又漂亮，只要把领带卷在圆筒状的啤酒瓶上，待第二天早上用时，原来的皱纹就消除了。

制漏斗：用剪刀将可乐空瓶从中部剪断，上部即是一只很实用的漏斗，下部则可作一只水杯用。

制筷筒：将玻璃瓶从瓶颈处裹一圈用酒精或煤油浸过的棉纱，点燃待火将灭时，把瓶子放在冷水中，这样就会整整齐齐地将玻璃瓶切开了。用下半部做筷筒倒也很实用。

制风灯：割掉玻璃瓶底，插在竹筒做的灯座里即成。灯座的底上要打几个通风小洞，竹筒的底缘也要开几个缺口，这样把灯放在桌上，空气就能从缺口里进去。

制金鱼缸：粗大的玻璃瓶子，可以按照筷筒的方法做个金鱼缸。在下面的瓶塞上，装一段橡皮管，不把金鱼捞出来，就可以给金鱼换水。

制吊灯罩：找一个大的、带瓶盖的、色彩艳丽的空酒瓶（如白兰地酒瓶等），将瓶子割开并打磨光滑。在瓶子里装上吊灯头和灯泡，在原来的瓶盖上钻个孔，让电线穿过，拧上瓶盖。在瓶颈上套8厘米长的彩色塑料管。在瓶子中部贴上一圈金色的贴胶纸，就做成了一盏美丽的吊灯了。

消费、出行篇

工作、学习之外，我们还会参与很多的社会活动，购物消费，亲友交际，出行旅游是其中的重头戏。在这个过程中，节约仍然是必要的，最重要的就是要节约钱。我们应该有什么样的花钱观念和花钱习惯，直接影响着我们以后的消费行为。现在全世界都面临着金融危机，它引起的连锁反应波及经济领域的各个方面，很多公司破产，工厂开不了工，工人失业，给社会造成了很多损失，很多家庭的收入也受到了影响。从某种程度上说，社会崇尚"过度消费"造成的恶果，严重影响了人们的生活。建设节约型社会就是要让社会上的每个人都把节约当成习惯，减少浪费，使我们的社会变得和谐友爱，我们的资源得到可持续的利用。

66 培养不乱花钱的意识和习惯

现在很多中学生甚至小学生都拥有或者"曾经"拥有过自己能支配的钱。为什么这样说呢？且不说平时爸爸妈妈因为种种原因给零花钱，就说春节几乎每个孩子都会收到数目不等的压岁钱，多则成千上万，少的也有几十上百的。这些压岁钱有的爸妈是"没收"了，有的爸妈则允许孩子自己支配。对于自己能支配的钱，孩子们的处理方法是不一样的，有的在几天之内就花个精光，有的则自己把钱存在银行或者放在储蓄罐里，平时只买自己生活和学习上的必需品，这样攒着买一个需要花钱多的大件物品；还有的孩子会在假期去干些不影响身体健康和学习的力所能及的零活，自己挣点钱。以上这些处理钱的方式，就是理财。

在现代生活中，理财能力是在生活和事业上必须具备的最重要的能力之一，直接关系到我们一生的发展和幸福，理性的理财习惯使我们学会控制自己的欲望，具有要得到必须付出的意识，明白世上没有免费午餐的道理，长大后就不会那么容易受骗，去相信一些小投资、多回报的骗局，减少被骗的机会，更有利形成独立的生活能力。我们中国也有俗话说，"吃不穷，穿不穷，算计不到就受穷。"这里的"算计"就是指妥善管理自己的钱。

青少年时期的我们不具备固定收入，不具备成熟的金钱和经济方面的意识，不具备熟练的理财能力，却具有强烈的消费要求和欲望，什么都想拥有，什么都想买。在报纸上经常看到这样的报道，一些大学生还未毕业，就已经因为信用卡的过度透支，欠下大量债项，最后被起诉到法院，这样的悲剧之所以发生就是因为从小没有养成良好的理财习惯。

因此，如果你有属于自己可以支配的钱，好好想一想该不该花，怎么花；怎样让每一笔钱都花得物有所值；如果条件允许，经过父母同意，你可以自己去试着挣钱，体会一下父母挣钱的辛苦，不要动不动就伸手管爸妈要钱。

67 合理利用信用卡

办理信用卡原本是为了便利、美化生活，如今却变了味。刷信用卡付账方便又潇洒，美其名曰"用明天的钱打造今天的梦想"，但信用卡不是免费蛋糕，提前消费，超前打造美好生活，也要付出一定的代价，想从"负翁"变富翁，刷卡消费须谨慎。

只留一张信用卡。实在离不开信用卡，就留下一张，将其余的全部注销，这样年费省下一大笔不说，也能有效避免大额负债的产生。

上街只带现金。很多人有这样的感受，如果购物时是用卡消费，轻轻薄薄一张卡一刷很容易超出预算，买了自己不需要的东西，因为看不到摸不到现钱，所以不知不觉间就会超支了。假如带现金就不会发生这种事，因为一张一张钞票数起来会让你觉得有顾虑，会控制自己花钱的欲望。如果是购物

信用卡需要合理使用

狂或自我约束能力较差的人，上街前还是把信用卡留在家里为好，以防过度消费。

以储蓄卡代替信用卡。储蓄卡消费具有和信用卡一样方便、省心的优点，但因其不能透支会在很大程度上削减消费欲望，同时避免负债。

清理"睡眠卡"。将不用或很少使用的卡及时清户，否则你卡中的余额会在不知不觉中被银行扣除，这也是一笔损失。

就近开户。跨行取款要交一笔手续费，一般是取100元或50元现金，收取1元手续费；取200元及以上金额，会收取2元手续费；有的银行比较特殊，会收取每笔4元的跨行费。开户行最好选择离家或单位近的银行，方便存取，能有效避免这笔额外开支。

ATM机上跨行查询操作不要太潇洒。银行政策改变很快，今天跨行查询不收费，明天就可能收费。

异地取款比三家。异地取款手续费各行标准不同，先了解一下各行的收费比例，也能轻松节约一些。

我们要警惕信用卡的滥用，但常备某些常用卡则可能将你打造成省钱专家：

交通卡：各城市都会推出有一定优惠幅度的交通卡，其省钱力度在你体验之后足以让你心痛平时打车、开车的花费。比如在北京，从西边跑到东边，若用上交通卡，横贯北京城百十公里，2元搞定。

会员卡：有的超市、卖场实行会员制，去那里买会员价商品还是比较合算的。有些会员店购物还会有礼品赠送。

其他卡：除银行卡外，还有优惠卡、代金卡、打折卡、提货卡、境外旅游电话卡、城市卡等等，巧用这些卡，都能有实惠。

68 怎样购物最省钱

一般在家庭中，妈妈是日常购物的主力，她要买回一家人吃穿用的各样东西，而且身为女性，闲暇时间爱美的她也会多逛几次商场，为自己买几件漂亮的衣服，这里有几个忠告可以帮助妈妈尽可能地省钱。

能批发的尽量批发。像卫生纸、肥皂、洗衣粉、牙膏等大量消耗的日用品最好去批发市场整件购买，这类商品能放很长时间不会坏，而且每天都要用，所以最好去批发市场大量买，既比零买省钱又省得麻烦。

货比三家。如今不少的商店，同样的商品价格却有差别，因此在买商品特别是大宗商品前要货比三家，比较价格和售后服务再决定在哪里购买。当然，货比三家的基础是先要对想要购买的商品的性价比有一定的了解，这可以通过网上查询、留心报纸上的介绍来做到，虽然货比三家比较辛苦，但是为了买到货真价实的东西还是值得的。还有，在家里需要添置大件物品时，要及早制订计划，多观察比较不同商场的价格，一段时间以后，在商家搞活动时把早已看好的物品买下。可能这件物品的外形有点过时了，但不会影响使用。

谨防"杀熟"。不要总是到熟悉的店主那里去购物，因为某些店主抓住你和他熟悉而不好意思还价的心理，开的价反而比较高，而去不熟悉的店或者货摊买东西，就没有这些顾虑了，可以大胆还价，还不下来就另择他店。

少买不必要的衣服。服装在生产、加工和运输过程中，要消耗大量的能源，同时产生废气、废水等污染物。在保证生活需要的前提下，每人每年少

买一件不必要的衣服可节能约 2.5 千克标准煤，相应减排二氧化碳 6.4 千克。如果全国每年有 2500 万人做到这一点，就可以节能约 6.25 万吨标准煤，减排二氧化碳 16 万吨。

69 逛超市、商场省钱的窍门

假日的时候，我们会陪着爸爸妈妈一起去商场超市买东西，挑挑拣拣，看看尝尝，在享受购物乐趣的同时，怎样能买到称心如意、价廉物美的东西呢？下面告诉你几个窍门。

出发之前，先清点一下家中日用品的储备，在购物清单上列出必须购买的商品和如果遇到打折可以购买的商品，以免看到打折就兴奋，买回一大堆平时用不着的东西，特别注意打折食品的保质期，买得太多来不及吃也是浪费。随身带个计算器，把购物筐里的物品的花费一一累计下来，随着钱数的上升，也许可以提醒你去除那些并不急需或者可买可不买的东西。

购物最好放在周末。周末虽然人较多，但商家也会因此推出许多打折酬宾活动，像是特价组合或者买二送一等等的优惠。买打折商品很实惠，商品打折有的是因为快到保存期限了，有的就是单纯的促销，像是饼干、糖果等零食，遇上全家人都喜欢吃的，在看清楚保质期限后，可以趁着特惠价的机会多买几包，挺划算的。平时也可以多注意超市和报刊登出的有关广告，了解商场推出的特价购物时段、打折销售的商品名目。但是，别在你饿得肚子咕咕叫的时候进超市，据说那会使你多买 17% 的东西，这就是"眼饥肚饱"的心理效应吧！

购物时，关注一下超市入口，商家喜欢把便宜货摆在那里，但是，购买便宜货的时候首先要考虑自己的需要，虽然便宜但是并不需要的东西买回来后积压在家里，白占了空间，并不划算。经常把眼光投向超市货架的底层部分，比较贵的商品，商家喜欢摆在与人们的眼睛平视的位置。注意力应该放在你想买的东西上而不是和它捆绑销售或者附赠的什么东西上。

以平常心看待购物有奖活动。超市或者商场常常举办有奖购物的促销活动，如买够多少钱就可以参加抽奖，商家这样做是为了刺激消费者的购买欲，要保持平常心，抵制住诱惑。买该买的东西，抽个奖，得个小赠品当然心情好，但千万不要为了得赠品而盲目购物，"羊毛出在羊身上"，要知道奖品也是从商家的赢利中拿出来的，因此中大奖的几率非常小，不要弄得大奖没抽上，没用的商品买了一大堆，真是得不偿失。

核对购物小票以防意外支出。付款时收银员打出的购物小票最好核对一下，避免收银员把所购物品的数量或者价格弄错而造成损失。当场核对，发现问题可以当场解决，省得回到家后再跑一趟，更何况离开柜台也许就说不清了。

警惕商家的买商品返券活动。现在商场为了促销，想了很多办法，除了打折、抽奖，最常见的还有买商品返券活动。如规定你买够多少钱的商品可以返还一定数量的购物券，钱花得越多，购物券返还得越多。结果你拿着返还的购物券再去买东西，一般是不添钱什么也买不到，结果为了把购物券花出去，还得花钱，一来二去，钱花了不少，买的东西不一定都是自己需要的。其实商家就是用购物券来"引诱"顾客花更多的钱，其实消费者没有得到实惠。

70 网上购物的十大省钱窍门

网购现在已经被消费者和网友公认为最有效的省钱方式之一，在网上总能找到比市场上便宜的商品，像服装、数码、日用品等商品的网上价格，比市场价格普遍低30%左右；而在图书网站上，几乎所有的书都打折出售；而在实体书店里，图书是很少打折出售的。

大家都有在实体店购物的经历，要想找到便宜的东西，就得货比三家，非常麻烦；而在网上直接搜索商品的名字，就能看出哪个更便宜，省时又快捷。

据有关资料显示，2008年我国网购总交易量达594亿元，和2006年312亿元的总成交额相比，增长了90.4%。网络购物是电子商务发展的产物，通

过网购的日益普及，"网上价格低"这种观点已经深入人心。除此之外，网购还可以突破交通、天气等诸多因素的限制，因此受到不少网民的热衷。

第一，在网上买正版书。

卓越、当当都是买书的较好选择，每本书基本都有折扣，最关键的是如果你不是住在北京、上海等大城市，那么在实体书店买不到的书网上很少没有的，而且都是正版。另外全免邮费的优惠措施更是让人毫不犹豫地下订单。

第二，在商场抄货号回家上网买。

网上代购商场货比在商场直接买平均价格便宜了30%左右，且网上购物送货上门，还省去了逛街时间和来回路费，方便快捷又省心。现在，这一招已经在白领当中越来越流行。

第三，化妆品网上购省到不可思议。

从高档的兰蔻系列到中档的欧泊莱系列，甚至最便宜的百雀羚，网上应有尽有。由于市面上的化妆品基本不打折，网购化妆品就成了省钱的一个上佳选择。相同的产品，价格可以从4折到9折不等，当然也有可能里面掺杂了大量的假货，而且很难辨别。可以说网购化妆品是最省的，也是风险最大的，最好还是选择信誉高、消费者评价好以及价格稍高的店铺。

第四，用网购折扣券购物。

肯德基、麦当劳、哈根达斯、电影、百货店、餐馆、美容健身等等，网络上的优惠折扣券应有尽有。消费前先上网"抠券"已经成为了"网购族"们的血拼秘籍了。

第五，网上团购省运费。如果买家在淘宝等B2C网站只想买一样东西，而且价格比较低的话，加上10元的运费，网购的优惠就荡然无存。但是和朋友、同事或家人一起买的话，不仅邮费便宜了，可能还会有意想不到的折扣。

第六，在网上交流闲置品。有的女性喜欢买东西，买回来时觉得新鲜，但不久就不想用或者穿了，久置家中就被潮流所淘汰，可以把不需要的东西在网上出售或者交换，让资金流动起来，还能让自己不需要的东西得到利用，真是一举两得。

第七，网购异地特产。很多异地特产，离开当地就买不到，常常要托别人带，既麻烦又欠人情。现在网上一搜，各地的特产都应有尽有，而且有些价格还比市面便宜。

第八，海外代购买国外便宜货。海外代购主要集中在以美元为主要货币的欧美区域，代购的商品主要集中在价格比较高昂的化妆品、保健品和服饰箱包三大类。由于金融海啸引发多种外币汇率下降，同一件商品国内外差价可达上千元。

第九，网上买低价机票。南航、携程、E 龙等等都有近期最便宜的机票线路，有些是提前预订的，最低的折扣可以达到 2 折。

第十，网上购建材 DIY 装修既省钱又温馨。买家具的时候，可以在当地的实体店看过之后再上网买，可以省不少的钱，实体店没有的一些家具则可以通过别的买家的评价来判断质量好坏，而且现在的物流也很方便，直接送货到家，省时又省力。

此外，在网购时还有一些事项需要留心，否则钱没省下来还平添了很多烦恼。

选择正规网站购物。 网购有两种付款方式：一种是货到付款，此种风险最低；另一种是通过付款中介，比如，通过支付宝进行交易。一些不够正规的网站却不能做到如此约定，购物风险也就比较大。

仔细阅读网站的购物指南。 如何填写订单、索要发票，怎样送货，有什么售后服务、退换货条件、优惠政策等各项内容都要仔细过目。

做到货比三家。 看到喜欢的商品不要立刻下订单，多比比多看看。

关注信用评价。 顾客的评价留言无论是好的坏的都不要忽视，商品和商家的口碑从这些留言中可以体现出来。

尽可能了解商品信息。 为避免买到的实物与自己的理想差距较大，选择商品的时候一定要看实物拍摄的商品照片以及细节图，然后阅读商品说明，了解商品的详细信息。

商场试穿，回家网购。 上网买衣服和鞋子前，最好到商场里试穿后记下货号和尺码再回家上网订购。

购买电器要开发票。 网上一些小家电的价格也十分具有诱惑力，但卖家一般都不提供发票，为将来保修方便，可以多付点钱，要求开具发票。

专卡专用。 使用信用卡支付货款，最好不要一卡多用，卡内不宜存放太

多现金；同时设信用卡交易限额，以防被盗刷。

警惕价格过低的商品。网上价格比实体店低一些很正常，但假如价格低到不可思议时一定要小心，这很可能是圈套。

保存电子交易单据。遇上恶意欺骗的卖家或其他受侵犯的事情可向网站客服投诉，此时商家以电子邮件方式发出的确认书、用户名和密码等电子交易单据就成了凭证。

71 怎样送礼物省钱又合适

咱们中国是礼仪之邦，逢年过节亲戚朋友之间都要送个礼物表示情意；就连没有经济收入的中学生，在爸爸妈妈、朋友过生日的时候，也要送上一份礼物，表达自己的感情。那么，怎么送礼物才能既不庸俗又可以恰当地表达自己的心意呢？

首先，要明白，礼物不是越贵越好。亲情和友情不能用金钱来衡量，因为他们是无价的，关键是礼物可以表达自己的感情，要根据对方的性别、性格、喜好及自己的经济能力来挑选合适的生日礼物。例如，妈妈过生日，你送给她一束康乃馨，一张自己亲手绘制的祝福卡片，给她唱一首生日祝福歌，给她一个亲吻，甚至只用深情地说一声："妈妈生日快乐！"这些礼物中的任一种用金钱来衡量都是价值很小甚至微不足道的，但是，对于妈妈来说却相当于无价之宝，无比珍贵。所以，礼物的意义在于传情达意，不在于花费多少钱。

除了亲情，真正的友情也是不能用金钱来衡量的。一本书，一副字画，一个对方理想的东西，都是有意义的礼物对方喜欢看书就送一本书，喜欢画就送一幅比较有新意的画。可以给朋友送上精美而又有个性的杯子，杯子代表一辈子，表明你希望和他的友谊是一辈子的，也可以给自己的朋友送上围巾、手套、小挂件、小饰品之类的作为生日礼物；还可以选择10元以下的小小盆景，像仙人掌这样既漂亮又廉价的东西送给学生朋友作为生日礼物是非常不错的；另外，在学校的广播台为朋友点上一首祝福的歌，送上一些祝福的话也是不错的选择；或者用手机给朋友点一首祝福的歌曲，也可以在零点的时候为朋友送上一条祝福他又成长一岁的短信，祝他来年学业更好，天天开心之类的；如果朋友喜欢音乐的话，也可以送一张他/她偶像的 CD。

其次，可以在平时"收集"一些适合做礼物的东西，当生日礼物送给朋友或者同学。例如，商场搞活动，遇上一些打折商品的时候，比如小电风扇，夏日炎炎的，他可以随身带着吹风，感受凉意，挺实惠的；其他的还有小台灯，手表什么的，价格也是适中的；如果是爱运动的男孩子，也可以送护手（吸汗）腕，或运动帽什么的，价格也是可以接受的；还有精致的饰物、笔筒等，这些东西一般不会过时，打折的时候购买，合适的时候送出，一样的品质保证，钱却花不了多少。这样比临到需要购买生日礼物的时候急急忙忙出去买划算得多，目的却一样达到了。

还有利用去外地旅游的机会买一些本地不常见而价廉物美的东西回来当礼物。送谁谁都会觉得稀奇，有趣。当然最好不要是食品，一是因为有保质期，二是特色食品一般要有饮食环境才能体现其特色。例如去海边旅行，可以买贝壳磨制的小钥匙链，手链，手机链等小饰品，价钱不贵，携带方便，可以多买一些，带回来作为生日礼物送给朋友同学都很合适。

(72) 数码相机（DC）的节电妙法

现在很多家庭都用数码相机代替了老式的用胶片的相机，拍下来的图像可以存在电脑里，存量很大，清晰度很高，色彩艳丽，洗出的照片效果非常好，而且还有摄像功能，能给我们的生活留下美好的回忆。出游的时候，相机、摄像机的使用受到电池使用时间的限制，那么，怎样使用数码相机、摄像机可以省电呢？

选购数码相机不能只看高像素。像素高当然照出的照片会更清楚，但是过高的像素会造成图片文件过大，查看不方便，需要大的存储卡支持，一般800万像素的相机用于电脑观看和冲洗一般尺寸的相片都绰绰有余，价格适中又实用。

在使用数码相机的时候，要尽量避免不必要的变焦操作。如避免频繁使用闪光灯，因为这种操作最费电。在调整画面构图时最好使用取景器，而不要使用液晶屏幕。数码相机开启液晶屏幕显示屏取景会消耗很多电，而将它关闭则可以使电池备用时间延长两三倍。尽量少用连拍功能。连拍功能大都利用机身内置的缓存来暂时保存数码相片，经常使用缓存所需电力非常多，因此应该减少使用连拍和动态影像短片拍摄功能，对节电会很有帮助。

不用的时候及时关闭液晶屏。在相机不用的时候关闭液晶屏幕或直接关闭相机摄像机。虽然设计有几分钟不用相机摄像机自动关闭的功能，但如果我们手动关闭，这样不是又可以节约那几分钟所消耗的电能吗！除了手动关闭液晶屏，还可以设置自动休眠功能。数码相机一般都具有自动休眠的功能，可以根据自己的使用习惯或者使用的具体情况，自行设置具体的休眠时间。

常关闪光灯让相机更省电。当数码相机感应到拍摄环境的光线不足时，通常都会自动启动内置闪光灯来加以辅助曝光。其实，数码相机闪光灯的闪光指数大多偏小，有效距离一般不足 3 米，这样的话，闪光灯其实对拍摄效果没有多大帮助，因此在没有太大必要的情况下，关闭闪光灯会让相机更省电。

73 数码摄像机（DV）的购买与养护

数码摄像机（DV）的购买

十年前，说起摄像机，人们总会想起电视机播放的新闻里记者们扛着的那些机器，那些笨重的东西似乎离我们普通人的生活很远。但是现在，摄像机品种、型号越来越多，日趋轻便，价格也逐渐被大众所接受。随着人们生活水平的提高以及休假机会的增多，外出旅游的人也日趋增多，手提摄像机把走过的山山水水、名胜古迹一一摄录下来，更增加了旅游的情趣，所以拥有摄像机已经成为多数家庭的追求。

为了更好地选择适合自己需要的产品，在购买摄像机前应对产品的性能有更好的了解。

明确个人的实际需要，选择不同特点的 DV。

家用 DV 的应用主要有三个方面：家庭使用、旅行使用、个人摄影爱好。家庭使用：较大的液晶显示屏幕应该是这类使用者较为需要的，因为液晶显示屏幕可以让初学者较容易上手。旅行使用：体积小、重量轻、耗电量小就成为选购时的重点。个人摄影爱好：对功能的追求当然就成为首要条件。不同的用途与爱好需要选择不同特点的产品来满足。

消费者在选购家用摄像机时，不能只看重品牌，更要看它是否实用。如取镜系统是黑白取镜还是彩色取镜，变焦的大小有光学变焦 12 倍、15 倍，电子变焦 100 倍、140 倍等，有手动变焦和自动变焦。一般好的机器都有电子防抖动系统、自动选光调光系统。另外，有部分摄像机带有小型屏幕，不但可以监视拍摄的内容，也可以作为拍摄后重放的显示屏。消费者可根据自己的实际需要来确定购买的机型。

定价格，不要盲目跟从贵的。

在明确购买方向之后，价格就是第一个要考虑的问题。DV 产品线丰富，价格线很宽。主要分三个档次：3000～5000 元之间的中低端市场，主要特点是物美价廉，性价比较高，对于普通家庭使用者来说最为合适；5000～7000 元之间，由于价位居中，所以有很多百万像素以上的机型，甚至是配备 3CCD 系统的。另外，有很多超小机型可供选择，特别适合于外出旅游携带。

查明功能，注重产品的核心技术。

摄像机的功能很多，哪些是用户最需要的？除了基本的光学/数码变焦、黑白/彩色取景、夜摄/夜眼功能，更重要的是新增的功能要简便易用、适合中国人使用。领先的数码厂商都会开发自己核心的影像处理、改善技术的研发从而增加产品的卖点。

货比三家，注重售后服务。

对于数码摄像机这样的高档消费品，服务当然相当重要了，所以消费者的要求也就更高。建议消费者选择品牌信誉度较好、建立了完善的服务体系的厂商，这样才可以真正解除后顾之忧。购买时要求商家开具正式售货发票，因为水货和不开发票的产品是得不到保修的。现在不少商家为了逃税，故意

不开发票，而有的消费者为了省钱也就默认了这种做法，机器一直平安无事还好，一旦出了故障，那么你可就知道没有发票的苦了，因为如果没有保修，你在配件上花的钱是远远要多于省下的开票钱的，所以还是要求开张正式发票。

具体在选购时要注意以下事项：

外观各部件要完好无损，无划伤、无碰伤、无裂纹和缺件，手柄手感要舒适。

镜头应无裂痕、脱胶、霉点。

寻像器上下运动要平稳，松紧适中，寻像器的镜片内是否有垃圾，寻像器调焦镜片要运动自如。

通电检查按照说明书分别检查各项功能，键钮是否灵活、有效，录制功能是否正常，聚焦是否清晰等。摄制一段图像后重放检查图像还原情况，色彩、对比度、清晰度如何等。对不同亮度拍摄后检查其逆光补偿是否有效等。

将各配件分别检查、清点和使用。

数码摄像机（DV）的养护

当你拥有了一台摄像机后，如何正确使用和保修，使你的摄像机始终处于良好的状态是非常重要的。

切勿将镜头对准太阳，以免损坏摄像机。

不要在高温或潮湿的环境下使用。

不要在水中或液体可能飞溅到的地方（除有防护装置）使用。

不要在不洁净的地方插入或取出存储卡。

不要将电子寻像器作为手柄作用。

不要让机器受到强烈振动、冲击和跌落。

不要在强磁场、磁铁或磁化的物体附近使用。

不要在靠近电视机和收音机的地方使用，以免引起画面变形等问题。

不要在有蒸气或油烟的地方使用。

关于数码摄像机电池的保养

如果摄像机是使用镍镉（NiCer）或镍氢（NiH）电池要避免电池因记忆效应而缩短使用寿命，所谓记忆效应指的是当电池电量尚未完全消耗前便加以充电的话，则电池的电力容量会减小。因此，使用这类电池时最好等电池电量完全用完后（摄像机出现电池耗尽的指示时）再加以充电，这对电池使用寿命很有帮助。

充电电池在使用之前都应该先充好电，若是在温度较低的情形下使用，可能会较为耗电。可以预先准备约是拍摄时间 2~3 倍分量的电池。摄像机不用时最好放在防潮箱内（在可以密封的箱子内放入干燥剂即可，干燥剂可在药房或摄影器材店购得），因为摄像机镜头有可能因为湿气而发霉。通常使用锂电池无记忆效应问题，但锂电池单价较高，并也不是每种厂牌或机型皆有配备锂电池。

74 手机保养常识

手机已成为现代人最常携带的随身物品，平时如果不加注意，受损伤的几率也是最大的，所以需要多加注意。

定期做好手机保养。首先，可以使用手机皮套。使用皮套等于是为手机多加一件外衣，一是能够减少手机外壳的磨损，二是摔掉或遇水时能够减轻手机所受的伤害。当然这并不表示手机加了皮套后就会水火不侵，在使用和摆放时仍须谨慎小心，避免手机受损。其次应小心手机的使用环境。移动电话上都有细缝或小孔，水汽很容易渗入，并导致电路板受侵蚀，所以不要在雨中或浴室内使用手机。同时切忌将手机放在冷气的出风口，因为凝结在手机内的水汽会无形地腐蚀机板。水汽对电路板的侵蚀，会随时间加长而愈发严重，刚开始可能觉得没什么影响，但等到故障出现时，恐怕就已经来不及了。第三，要注意携带方法。每个人携带手机的方法都不太一样，可是有的方法容易使手机损坏几率增大。例如有人习惯把手机放在裤子旁边（后面）的口袋，若不小心在坐下时压到，或者走动时手机被挤压而掉落到地上，都会造成手机的损伤。另外像轻薄小巧的手机，有些人习惯放在胸前口袋，殊不知在弯腰时一不小心，手机就会跌落在地面上。第四，要让手机远离磁铁环境。手机喇叭本身具有磁性，因此勿让手机经常接触多铁粉的东西，以免手机喇叭出声孔吸入过多的铁粉，并附在喇叭薄膜上，造成手机听筒声音变小，甚至听不到。

手机的"急救"常识。手机每天随身备用，使用的频率很高，难免在使用过程中遇上进水、摔落、丢失等意外的情况。如果你懂得一些基本的手机急救常识，则可以在送往维修之前先作抢救，最大可能地减轻损失和保住手机。手机进水的情况很常见，例如被雨淋湿、洒上茶水、失落水中等。假如事情真的不幸发生，请立即关掉电源，将电池取出，以避免水滴腐蚀机板应该尽快送去维修。如果不能很快送去维修，可以用风筒吹干手机内部的水分，减缓水分腐蚀机板的程度。不过用风筒吹干时，切记要将温度调至最低，以免热力过猛使机身胶料变形。

科学的使用手机，会让我们的手机的使用时间更加长久，而且能节约大量的电能和费用。

75) 手机的使用与节电妙招

手机是大家天天都要使用的通讯工具，每天都要用它接打电话，收发短信，这使用频率一高，消耗的电量也就自然不少，有什么节电的小妙招呢？

养成随时锁键盘的习惯。手机在不使用的状态下处于待机状态，这时候耗电量非常小，只有当按键被触时才会让屏幕立刻发光，这时候的耗电量自然就会很大，锁闭键盘可以减少不必要的耗电，也可以避免错拨电话。

尽量使用静止图片，降低屏幕亮度。动态的屏幕背景固然很漂亮，但是这种运动画面是非常耗电的，而使用简单的静止背景就可以省电，还有就是手机屏幕的亮度也是决定手机耗电量的重要因素，手机屏幕发光需要消耗大量电能，其实一般使用手机不必追求非常高的亮度，将亮度调整到一个合适的程度就行了，降低手机屏幕的亮度也是一个不错的节电方法。

尽量让电池耗完再充电。有的人喜欢每天充电，发现手机电池只剩一半的电量就会急于充电，其实这样是不对的，专家说，手机电池充电次数大概在 500 次，电池使用久了，就会出现待机时间变短，充电困难的现象，这就是电池寿命缩短的信号。我们做一个比较，如果一部手机电池待机时间是 3 天的话，从电池充好到完全使用光电量，需要 3 天，然后再充电，这算一次充电，而电池充电次数一般在 500 次左右，那么这块电池应该能使用 1500 天，也就是 4 年左右的时间，而如果每天充电的话只要一年半的时间就会到 500 次的充电寿命，4 年和一年半的差距可是非常大的！

手机不应过度充电。手机电池充电时，一般来说，540 毫安的锂电池 3 小时左右就可以充好了，但是很多人的习惯是晚上睡觉前把手机充上电，早上起床后才断电。有人认为，手机电池在充电完毕后会自动停止吸收电量，这种想法其实是错误的。虽然充电指示灯变绿提醒我们充电完成，但如果不把充电器与电源断开还是会造成耗电。有人做过实验发现，如果手机从开始充电到结束的时间为 3 小时，会消耗 0.01 度的电量，而充电完成后继续充电 3 小时，所消耗的电量也约为 0.01 度。虽说一部手机节约不了多少电，但是全国那么多手机用户，节约起来将是一个不可低估的数字。就按全国有 2 亿部（其实实际数目应该远远超过这个数）手机估算，如果每部手机都是 2 天充电一次，每次在充电完成后又持续充电 3 小时，这样算下来，一年全国仅在手机充电上浪费的电能约为 2.6 亿度！所以手机充满电就应该及时拨下来，这样不仅省电，还能延长手机电池的寿命。

一般来说，手机电池在 -10℃ ~ 50℃ 之间能正常工作，所以，我们应尽量避免手机在高于 50℃ 或低于 -10℃ 的环境系工作，否则手机的寿命会大大缩短。

去掉不必要的功能。手机的震动功能消耗的电池电量是相当大的，如果想在同样电量的情况下，让手机工作的时间更长，建议取消该功能；尽量使用"来电转接"功能，让手机自动转到固定电话上，又省电，又省钱，还能减少辐射，何乐而不为呢。对于小功能项，最好把他们统统"封杀"。例如：业务提示音的功能，开机问候语的功能等等，如果把它们都关闭了，能更多

地节省电量。

恶劣天气少使用手机。在天气恶劣（如下雨、严寒等）时，最好少用手机。因为在恶劣天气条件下，无线通信微波的传输质量将受到影响，要确保通信信号正常传输，手机要通过加大功率的方法，来保护信号的正确传送，而加大功率的直接后果是手机耗电量加大，待机时间自然要短。同样，在密封环境中，尽量少使用手机。因为在地下室或者密封性比较好的室内环境中进行手机通信时，手机需要多花费一些功率来确保信号能正常穿透天花板、墙壁或其他遮挡物，多花费的功率是以多耗电为代价的，因此，在通信信号比较弱的位置，最好少拨打或接听手机。

长途旅行时少用手机。当你乘汽车或者火车从一个地方驶向另一个地方时，如果使用手机，耗电量将十分惊人。这是因为手机正在从一个网络节点移向另一个节点，在手机不断搜索、连接到新地区的通信网络时，电池的电也在悄悄溜走，而如果这时使用手机，就更会雪上加霜，因此，在长途旅行中，应尽量不用手机。

减少手机翻盖频率。这是针对使用折叠手机的人来说的，因为折叠手机需要反反复复打开和关上翻盖，手机的耗电量也会很大，因此，要尽量减少翻盖次数，用耳机接听电话不失为一个好办法。

76 如何节省手机话费

手机几乎是现代人必备的通讯工具，但是很多人在享受它所带来的便利的同时又在为它的高额支出而烦恼，如何能最大限度地节省手机话费呢？

选择适合自己的套餐。

移动和联通是目前最大的手机运营商，移动的信号和收费较稳定。一般年轻人都喜欢用动感地带，（以音乐卡来说）省内接听免费，本地拨号闲时0.13 元/分钟，忙时0.21 元/分钟；长途加拨12593 则0.39 元/分，漫游0.59元/分，以25 元的月租套餐来说，送130 条网内免费短信，实在是很实惠的；电话少，经常在国内跑的朋友，可以选择无月租的神州行（但现在一般都很少买这种卡了，月租 10 元的较多）；而商务人士当然首选全球通了，一卡多号，国际漫游，信号好，服务好，当然话费和月租也贵。

需要经常通话的朋友可以选择加入集群网。

如果朋友比较多，又经常联系的话，不妨开个集群网，5 元/月，本地用短号互打免费，省内则要 10 元/月，但相比之下还是很优惠的。

如果上网很方便的话，可以使用飞信业务。

对上网方便又喜欢发短信的朋友来说，申请一个飞信号（移动）是再好不过了。只要将对方的手机号码加为好友并等到对方同意，就能无限发送短信，飞信分为 PC 端和手机端，只要下载相应的安装就可以。还可以使用手机邮箱，是移动近年来新推出的一项服务。除了和邮箱同等功能外，一般用户申请成功后，每月都有 30 条免费短信和 20 条免费彩信。充值卡也可以在网上购买。网上充值有很多优惠，价格比去小店买的充值卡便宜多了，如果没有淘宝账号可以直接使用信用卡购买。

多注意充值优惠信息。

逢节假日一般都有优惠活动，比如充 100 元送 50 元，充 50 元送电影票等等。

呼叫转移。

目前手机还是双向收费。利用呼叫转移功能，在你到达一定的固定场所时，可将自己的手机转移到有线电话上。一省钱，二省电，三可延长电池寿命，四对身体有好处。这种方式，呼叫方根本听不出你的手机已经呼叫转移，因为这种转移本身是一种无缝连接，中国移动费用只是每分钟 0.2 元，而中国联通更便宜，每分钟只收呼叫转移费 0.1 元。

充分利用来电显示功能。

身边如果有固定电话机，手机响了先看看来电号码，如果是市内电话则关机或拒绝接，再用固定电话回拨。这样以每通话 3 分钟计费，至少可以节约 1 元钱。

短信息自动切换。

把中国移动手机呼叫转移到"全球呼"或把中国联通手机呼叫转移到"如意呼"上，有人打电话进来时，手机会自动转移到该号码，然后会给你发

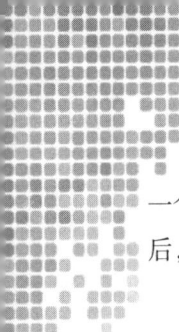

一个短信，告诉你谁曾经拨打过你的电话，成功接收后每次收费 0.1 元。然后，你按照短信上的电话打回去即可。

在手机上设置 50 秒显示。

手机通话时间是以分为单位的，不足一分钟按一分钟收取费用。利用手机可设置每 50 秒发出提示音的功能，通话时可掌握时间，同时还有助于养成说话简洁的习惯。

手机拨打长途的省钱方法也很多。

第一，可以加拨 IP 号。照每 6 秒 7 分钱的长途资费加每分钟 0.4 元的市话费（入网用户）计算，每分钟的电话费高达 1.1 元，异地漫游的还需付漫游费。而只要每次拨长途号时加拨 IP 号，资费就变为每分钟 0.3 元长途资费加每分钟 0.4 元市话费，每分钟可以节省不少。

第二，买 IP 卡拨打更划算。目前，中国移动的 IP 号为 17951，中国联通的 IP 号为 17911，中国电信的 IP 号为 17909、17901。移动和联通的 IP 号还只能对应各自网内的用户，电信的 IP 号要在手机上拨打还需先申请开通。而更省钱的办法是，用 IP 卡来拨打，只是需要你输入比较长的卡号和密码。市面上，这类可用于手机上拨打的 IP 电话卡，折扣还是相当可观的。

第三，手机漫游加拨 193。手机漫游时拨打电话，资费也是相当高的。那么如何节省漫游费呢？根据各公司不同的业务范畴，中国移动的手机照旧可以拨打 17951IP，或买 IP 卡，那么每 6 秒 7 分钱的长途费用则可变为每分钟 0.3 元；由于中国联通的 17911IP 号只能在本地拨打，所以漫游时不能加拨 IP 号，不过有办法可以代替，加拨联通的 193 长途号，不同的是，193 的长途资费是分时段计费的，最低也要每分钟 0.3 元。

最方便的要数长途三毛卡，因为它都是低于面值卖的，折算下来三毛还不到。但再往上充值时就没有折扣了，所以这种长途三毛卡最好就是打完卡上的钱就再买新的三毛卡。对于那些不想频繁换卡的人，建议买打折手机伴侣卡绑在手机上，比拨 17911 或 17951 也便宜很多。

按时缴纳话费。

话费如果超过缴纳期限，移动公司收取的滞纳金是非常惊人的。通常是每超一天按 0.3% 收取，而且是"利滚利"。

77 自行车的保养

上了初中以后，很多同学都是骑自行车或者坐公交车上学。比起坐公交车，骑自行车比较随意，时间可以自己掌握，遇到堵车，骑自行车更是尽显方便，自行车是很多同学的"爱骑"，怎样把它保养好呢？

保护好电镀层。自行车上的电镀层是铬镀层，不仅使自行车看起来美观，还可延长使用寿命，平时应注意加以保护，要经常擦拭。一般来说，每周宜擦拭1次，应用棉纱或软布把灰尘擦掉，再加些变压器油或机油擦拭，如果遇上雨淋水泡，应及时用清水洗净，擦干，再加点油。骑车不宜太快，飞快的车轮会将地面上的沙砾掀起，对车圈形成很大的冲击力，使车圈受损。车圈严重的锈洞，大都是这种原因造成的。自行车电镀层不能与食盐、盐酸之类物质接触，也不宜放在煤烟熏烤的地方。电镀层如有锈迹可用少许牙膏轻轻拭去。自行车镀锌层如幅条等不要擦拭，因为表面生成的一层暗灰色的碱式碳酸锌，能保护内部金属不受腐蚀。

自行车轮胎的保养。马路面大都是中间高两边低，自行车行驶时，必须靠右侧。因此，轮胎的左侧常比右侧磨损得厉害。同时，由于重心靠后，后轮一般比前轮磨损快。新轮胎使用一段时间后，把前后轮胎调换使用，并调换左右方向，这样便可延长轮胎寿命。自行车外胎耐磨性好，承受负荷大。但是，使用不当常常会加速磨损，出现龟裂、爆破等现象。平时，使用自行车时应注意以下几点：充气要适量。内胎充气不足会造成瘪胎，不仅阻力增大，骑车费力，而且加大了车胎与地面摩擦的面积，使外胎加速磨损折裂。充气过足，加上日晒胎内空气膨胀，胎内帘线容易被胀断，会缩短使用寿命。因此，打气要适量，寒冷天气可足些，夏天要少些；前轮气少些，后轮气要足些。

自行车链条打滑处理法。自行车链条使用时间长了会出现滑牙的现象。这是由于链条孔的一端磨损造成的，采用以下方法，可以解决滑牙问题。由于链条孔有四个方向受摩擦，所以只要打开接头，翻个圈，把链条的内圈变

做外圈，受损的一面不直接同大小齿轮接触，就不再打滑了。

78 电动自行车的选购

电动自行车是很经济实惠的代步工具，它的速度比自行车快，开动起来又比摩托车环保。所以，现在电动自行车是很多家庭首选的代步工具，很多中学生也都是淘汰了自行车而骑上了电动车，从而节约了在路上花费的时间。但是，现在市场上各种各样的电动车令人眼花缭乱，而且价格都在 1000 元以上，因此，如何挑选一辆称心的电动车，如何保养和维护电动车，就成了应该注意的问题。

如何选购电动自行车

应选择有生产许可证的企业生产的产品，适当考虑品牌的知名度。应选择有良好信誉，售后服务有保证的销售商。电动车是一种带有部分机动车属性的自行车，电池、充电器、电动机、控制器、刹车系统是电动车的核心部件，这些部件的技术含量高低，决定了使用性能的好坏。决定电动自行车质量的关键是电机和电池的质量。优质的电机损耗小，效率高，续驶里程远，对电池有好处；至于电池，几乎是一台电动自行车好坏的决定因素。市面上销售的电动自行车基本上都是采用免维护铅酸蓄电池，它具有价格低、电气性能优良、无记忆效应、使用方便等特点，使用寿命基本为 1～2 年。由于电动自行车是成组串联使用蓄电池，因此，该组蓄电池必须经过严格的选配，保证每块电池的一致性，才能保证整个电池组的性能。否则，该组电池中性能稍差的电池会很快衰竭，其后果就是：车子可能才骑三四个月，就该换电池了。测试电池的一致性需要较昂贵的一套设备，一般的小厂家不具备这些条件，所以，在不了解电动自行车和电池技术的前提下，您应该尽可能选购大厂的名牌产品。综上所述，消费者要在充分了解电动车核心部件的性能以后再决定购买何种品牌的电动车。

首先是式样和配置的选择。在驱动方式上，应该综合考虑，选择损耗小、能耗低、效率高的电动车；从车的整体平衡和上下车方便考虑，电池以放置于车架斜管或立管处为好；酸电池比镍氢电池经济实惠，电池的电压选用36V的比24V的续行里程要长。

其次是功能款式的选择。 目前电动自行车大体分为标准、多功能和豪华三种类型，可根据实际需要和经济条件进行选择。受电池技术的影响，目前，电动自行车都有一个最大续驶里程的问题，一般是30～50千米，所以，购买电动自行车必须目的明确：就是作为上下班的交通工具，不要要求太高。相对便宜的电动车在性能上、售后服务上可能会大打折扣；而一些"豪华"的电动车，可能会让你在没有使用价值的装饰上浪费金钱。价格贵、外形豪华的车性能并不一定比价格相对便宜、外形简单的车好，建议选择"中档实惠"、性能良好的电动车产品。

再次是规格的选择。 电动自行车一般为22～24英寸，适应不同消费者需要，也有20和26英寸的。

在购车现场选择的时候，要根据本人需要和喜好，选购合适的规格、款式和颜色；支起停车支架，检查外观，看油漆是否剥落、电镀光亮、坐垫、书包架、踏脚、钢圈、把手、网篮是否完好；在销售商指导下，按说明书实际操作一遍。试用电门钥匙和电池锁，确保安全可靠，方便使用。如果电池钥匙较紧，开关时用另一只手将电池稍用力往下压即可；打开电门、转动变速把手，检查无级变速效果和刹车效果，并检查电机运转声音是否平稳正常。观察轮子是否转动灵活，无滞重感，轮毂转动声音是否柔和，无撞击异响；控制器电量显示是否正常，变速过渡是否平滑，起步无冲击感。对于多功能和豪华型电动车还要检查一下所有功能是否完好正常。

购买后要将随车配套附件、发票、充电器、合格证、说明书、三包卡等收齐并妥善保管。有的厂家建立了用户备案制度，请按说明进行备案，以便享受售后服务。电动车是一种户外交通工具，天气交错，行驶路况复杂，有可能产生故障或意外损坏，能否提供及时周到的售后服务是对电动车生产企业实力的检验。消费者如果要消除后顾之忧，对"三无产品"的电动车应该避而远之。

79 电动自行车的使用与保养

正确操作使用电动自行车，使电动车各项功能正常发挥并保证电机、电池的使用寿命至关重要。

不要让不会骑车的人使用，防止跌落冲撞而损坏；也不要超载重物和带人，以免过度耗电或发生交通事故。每次使用前应检查刹车及调速把性能是否良好，前后轮等是否正常，以确保骑行安全。下车推行或停车时，应关闭电源开关。

日常的使用要点可以概括为："善保养，多助力，勤充电。"善保养：即不要使电动自行车受到意外损害，如不要让积水淹电池、控制器，启动时一定要打开车锁，下车即关闭电门，平时轮胎充气要足，夏季应避免长时间阳光暴晒，避免在高温、有腐蚀的环境中存放，刹车要松紧适度；多助力：理想的使用方法是"人助车动，电助人行，人力电力联动"，省力又省电。因行驶里程数与车载重量、路面状况、启动次数、刹车次数、风向、风速、气温、轮胎气压等有关，所以起步时要先用脚踏骑行，在骑行的过程中扭动调和把，上桥、上坡、逆风和重载行驶务必用脚踏助力，以避免对电池造成伤害，影响电池的续行里程和使用寿命。

在保养上，首先是充电器的使用与保养。

充电之前先确认充电器插头（正负极）与整车电池的插座是否配套，禁止使用非标准的、质量低劣的充电器对电池进行充电，以免对电池造成不必要的损坏。充电时先关闭电动车上的电源锁，将充电器输出插头插入充电插座，再将充电器输入电源插头插入 AC 220V 电源插座。充电完成，先拔掉交流电源插头，然后再断开充电器和电池的连接，避免由于逆向操作产生短路或接触电火花，影响使用安全。由于充电过程中充电器会产生一定的热量，故建议将电池放在空旷通风处进行充电，严禁在充电时用外物覆盖充电器，否则容易损坏充电器与电池，甚至造成火灾事故；另外也严禁充电器被水浸或雨淋。

其次是电动车电机的使用与保养。

不管是有刷电机还是无刷电机，在运行过程中都会产生一定的机械噪声（有刷）或电磁共振（无刷），这均属于正常现象。但若无刷电机在运转过程中产生"咯、咯"的异常振动和声响则应及时关闭电源锁并进行检修。电动车倒退移动时，感觉后轮倒退较重，属于正常现象。但凡电动车正向推行时感觉阻力很大，首先应使电机电源断开（可以消除正向阻力），然后及时进行检修。电机正常使用过程中一般无需特别保养，平时注意检查电机轮毂轴端与电机端盖的紧固件状态，若发现有螺丝或螺母松动应及时拧紧，防止由于引出电线绞断等原因造成车辆故障，影响使用安全。（有刷齿轮减速高速电机正常使用半年以上一般需加齿轮油进行润滑，行星齿轮减速除外。）下雨天行驶在积水路面时，积水深度不能超过电动轮毂下沿，避免由于电机渗水而造成故障。

再次是电控部分元件的使用与保养。

电动车停放时不要在阳光下曝晒，也不要长时间淋雨，避免控制器内元器件损坏造成操作失灵。调速转把使用时要求轻旋轻放，无须用力旋转，对1：1助力有刷车型最好使用巡航定速开关。雨天骑行，应尽量避免开关与电气连接插件等淋湿，防止漏电、短路。暴露在外面的触点（包括三角插座）是带电的，严禁用手或金属物同时接触正负两极。

刹车制动和传动系统的使用与保养。

应经常检查前后车闸制动性能是否良好，雨雪天和下坡行驶时注意增加制动距离，减速缓行，发生险情提前刹车，防止意外。应经常检查前后刹车的断电刹把是否有效，特别是后刹车的左刹把，如果断电失效很可能在使用过程中损坏控制器。与保养普通自行车一样，对电动车的前轴、中轴、飞轮、链条等传动部件作定期的检查、擦拭和润滑，防止由于锈蚀或咬死影响正常使用。电机为用户免维护部件，内部一般不必自行擦洗与润滑，只需在出现异常情况时到维修点进行保养与维修。

80 怎样延长电动自行车电池的使用寿命

现在很多家庭都购买了电动自行车，它的速度比较快，省力，与摩托车相比，不需要消耗汽油，是环保的代步工具。电动自行车的价格不菲，电池的使用寿命直接关系到电动自行车使用时间的长短，那么如何才能延长电动自行车电池的寿命呢？

电池是一种易耗品，随着使用的深入，整车的续行里程会逐渐降低。一般情况下（25℃±5℃气温条件，正常的路况与载重），36 伏电源电动车的续行里程小于 15 千米，24 伏电源电动车的续行里程小于 10 千米时，该电瓶的正常使用寿命已将终结。为保证电动车的正常使用，在使用过程中对铅酸蓄电池应进行必要的维护与保养。

电动车上桥、爬坡或在顶风行驶时，应该辅以人力驱动，防止电池供电电流陡然增大。在刚上车骑行时，或行驶途中紧急刹车止速后又要骑行时，最好用脚蹬几下，等电动车有一定车速后再加以电动骑行。尽量不要使电动车在静止状态下直接使用电力启动。在骑行时，若需加速，应缓慢旋转调速把，避免直接加快至最快挡。在路况允许的情况下，尽可能使电动车以最高速度行驶。

在骑行中，尽量避免频繁刹车/启动，在道路拥挤时多用脚驱动，这样不仅延长了续行里程，提高了电池使用效率，同进延长了电池的使用寿命。

勤充电，避免"深放电"。骑行电动车要养成当天使用当天充电的习惯，每天骑行不管多远最好都将电池里的电补充满，不要等用光了再充电。充电时，充电指示灯显示满电时不要立即停止充电，应再续充 2～3 小时。

电动车长期不用时，要每过一个月充一次电，将电池里的电充满后存放，切记不能在亏电的状态下存放。充电时要用配套的专用充电器。因电池配方与工艺不同，对充电器的技术要求也不一样，哪一种充电器充什么品牌的电池可以充满，都不尽相同，所以，不要混用充电器。

电量显示电池已没电了，但一段时间后，你会发现电池又有小量电压，这个波称为"回升电压"，用户不要使用"回升电压"来行驶，防止严重亏电。电池没电时，应关闭电源稳压器骑行。

注意检查充电器在对电池充电时，电池盒表面有无过高的温度，充电器指示灯是否会转换，若充电 12 小时以后还不能转换，请对充电器和电池进行检修，避免由于过度充电或充电器故障造成电池的充胀或损坏。

严禁擅自打开电池封盖，以防危险和避免由于漏液对车辆造成损坏；电池不能接近明火或高温热源，高温季节严禁电池在阳光下直接曝晒或曝晒后充电。

电池容量受气温的影响，气温下降电池容量也随之降低，电动车续行里程也相应缩短，随着气温的升高电池容量又逐步回升，这属正常现象。

81 如何选购家用轿车

随着生活水平的提高，曾经是许多中国人视为梦想的私人小汽车，如今越来越多地走入了"寻常百姓家"。据权威部门的保守估计，到 2020 年，我国家庭轿车的总保有量将达到 8233 万辆，平均百户家庭拥有轿车 32.5 辆。对于普通的工薪家庭来说，轿车是家庭最大宗耐用的消耗品，从买到用都要精打细算。

选购家庭轿车，应当从价格、性能、质量、款式、使用费用等几个方面来考虑。

买车当然要看价格。近年来随着汽车市场竞争的加剧，汽车产品的价格也剧烈地变化，消费者往往犹豫不决，不知道什么时候购车，购入什么价格的汽车最合算。其实，厂家的价格调整一般也有规律可循，降价无非有两种目的，一种是主动或者被动地应对竞争对手，当不同厂家相同级别车型集中上市时往往会使价格下降；另一种目的是为自己的新车型留出价格空间。消费者只要认定自身确实有购买汽车的需求，同时认清产品价格规律，就可以下决心选定自己认为合适的车型了。

其次是合理选择性能合适的汽车。车辆的性能和配置有很大的区别，有的同型号有近十种不同的配置，配置越高价格越贵，结构也越复杂，消费者应该明确自己的需求定位，根据车辆用途合理选择车辆性能。如果在路面良好、经常拥堵的市区驾驶，可以选择底盘较低、发动机扭矩较大、自动变速箱的车辆；如果经常在高速公路长途行驶，则要求发动机最大功率较高并最好具有自动巡航功能；如果行驶路面条件较差，则要求车辆底盘高，悬架坚固。

选择一辆质量较好的家庭轿车是消费者迫切的需求，消费者在选择时应尽量挑选生产规模大、管理水平高、品牌知名度高的产品，尽量选择具有世界著名公司的著名车型血统的产品，同时应多向使用者咨询，选择口碑好的产品。

不同地区、不同文化背景、不同年龄的消费者对汽车款式的要求有很大区别，现在市场上可供消费者选择的汽车品种越来越多。建议消费者不必对新款式过于追捧，应在新产品被市场检验一段时间后再选购，这样产品不仅更可靠，而且价格可能还会降低。

使用费用是汽车使用过程中发生的费用，应该作为消费者选购车辆的重要参考条件。配件价格、售后服务的承诺（保修里程、时间）和便捷性等都对车辆使用费用有很大影响。车辆的配件价格有很大差别。建议消费者在选购车辆时，选择社会保有量较大，配件供应充足、价格便宜，售后服务良好的车型。

选购混合动力汽车。混合动力车可省油30%以上，每辆普通轿车每年可因此节油约378升，相应减排二氧化碳832千克。如果混合动力车的销售量占到全国轿车年销售量的10%（约38.3万辆），那么每年可节油1.45亿升，相应减排二氧化碳31.8万吨。

⑧2 买省钱家用轿车需挑时

买车也和买菜一样分时候，不同的时间段买同样款式的车价钱会有相当大的差别，所以，要想买到价格实惠的车，一定要注意买车的时间。

淡季买车

一般来说，春节前和长假前是消费者购车的高峰期，也就是所谓的车市旺季。而春节后和"五·一""十·一"黄金周之后的一两个月则是购车的淡季。6、7、8月是汽车行业传统的销售淡季，因为这时天气渐热，雨水渐多，到汽车市场和4S店挑车买车的人少了，有的车厂也会放高温假。汽车厂家都会在一年开始之际订下销售任务指标，到了6、7月份，一年已经过了一半，各厂家肯定会盘点一下各自的销售情况。销售好的，想趁这个传统淡季再烧一把旺火，完成全年销售任务更有底气；销售得一般的，更加不会放过淡季的促销，这段时间的销售对能不能完成全年任务也是至关重要的。

对消费者来说，车市最火的时候并非最佳购车时机。相反，淡季正是买车最划算的时节。市场反馈显示，除了年底大限来临前，长假过后是一年中车价最低的时候，即买车"性价比"的最高点。一位销售经理透露："虽然赶在节日前购车是大家的普遍心理，但买车的最好时机实际上是长假过后。这时销量基本都释放出来了，经销商不希望销量一下掉下去，所以那时的促销力度会更大，促销手段会更多样。"

为了拉动销量，车商们在淡季都会推出各种促销活动，很多车型的让利幅度已接近厂家的底线；其次，在现有优惠的基础上，客户还价的成功率也较高，只要谈得拢，车商一般愿意让步。业内人士还指出，往往在月底出手最合算，这个时候，4S店为了完成月度销售指标或是清理库存，都愿意作出较大的让步。

有消费者迷信"金九银十"，觉得9月、10月买车最划算，其实不然，这两个月买车的人比较多，有的4S店虽然会推出一些新的优惠，但幅度往往没有6、7、8月的幅度大，有的甚至趁机偷偷把价格往上调；有的车型因为需求加大，4S店还会削减优惠幅度，增加销售利润。当然，年底仍是买车的固定黄金期，年底优惠幅度最大，经销商为完成销售任务，也为了获得更多返利，平价或者低价卖车是很普遍的。

此外，市场研究人员介绍，在一个月内挑选买车的时机也是有技巧的：首先观察一下该4S店的库存量，如果淡季时积压车比较多，那最好选择月初

买车；另一个购车时机是月末，这时 4S 店为了完成月度目标会推出更多的优惠。

改款新车上市之前

汽车厂家为了维护自己的品牌形象和满足消费者的需求，会不断推出新车型。由于汽车市场竞争的压力，各个汽车品牌推出新车型的时间间隔越来越短。据中国汽车工业协会的统计显示，2006 年国内汽车厂家推出的乘用车新车型达到 117 个（包括年度改款），每三天就有一款新车上市。其中全新车型多达 30 多款，这种频率在发达国家也不多见。

但是仔细辨别，你会发现所谓的"新款车"与老款相比其实并没有多大的改进，一些厂家为了扩大销售、争夺市场份额，只对现有产品的造型进行简单的改动，对现有的配置重新排列组合，换个名字就摇身变成一款新车推向市场，厂家却借此来提高价格。不过，在新车上市之前，老款车型都有巨额的让利，所以在某个牌子的新款车推出之前，购买该款的车比较省钱。

83 怎样降低养车开支

很多人都说，汽车买得起养不起，除了车轮子一转就要花费的汽油钱，单单是为一辆车缴纳的各种费用都让人心疼了，在我们总是抱怨养车费用节节高升的同时，其实没有注意自己的一些习惯也会无意中增加养车的费用。

增加安全意识也能省钱。

我国即将实施交强险浮动费率，最严重的情形"上一个年度发生饮酒（含醉酒）后驾驶机动车的"，交强险将直接上浮 30％；有一次闯红灯或逆行记录的，费率上调 10％，但最高不超过 30％；而连续 3 年及以上没有发生违章行为的机动车交强险下浮 30％。交强险实行"奖优罚劣"的费率浮动机制，目的在于通过费率杠杆的经济调节手段，促进驾驶人提高安全驾驶意识。

这样，新费率的实施，将让驾驶者的违章成本成倍放大，一次违章或责任事故所导致的支出，不止包括当时的罚款和维修费用，同时意味着第二年交强险数百元的涨价，如果再和"连续3年及以上没有发生违章行为的机动车交强险下浮30%"的费用相比，你可能会惊讶地发现，少违章一次，原来差别是这么大。

及时缴纳罚款和各种规定费用。

交通违章罚款或是养路费等规费，一旦逾期未交，在大多数滞纳金不封顶的地区，完全可能形成天价。一张200元的交通违章罚单，3年后就能滚动到7000元；一辆大货车拖欠3年养路费，连本金加滞纳金更是天价——49万元！

只要意识到这高额的滞纳金动辄可能等同于全年的停车或是保险费用，我们就应该按时缴费当做一件非常重要的事情来看待，故意拖延缴费，那就是和自己的钱包过不去。面对每年的高额养车费用，也就只能抱怨自己的不是了。

勤于保养省大钱。

也许是出于节约养车费用的目的，很多车主日常用车的支出可谓"抠到家"：擅自延长保养周期，实在要保养了也使用最便宜的机油和三滤；刹车皮早就磨损过度报警了，还将就着用，刹车油、方向助力泵油、变速器润滑油不到万不得已绝对不花钱添加；水箱水太贵了，就用自来水凑合着用；甚至厂家标明了要用93号以上的燃油，为了省钱，就加90号的。

这些看似精明的做法其实带有相当大的隐患，到头来花大价钱买单的还是自己。疏于保养，车辆机件会快速损耗，乱用自来水冒充水箱水、使用低标号的燃油，更是可能让一些车辆部件提前退休，到时候更换配件可绝对不是一笔小数目。其实，按厂家要求进行保养，平时多注意车况，不要错过厂家组织的一些免费检测保养，钱也多花不了多少，却可以做到既安全又省心，何乐而不为？

买保险莫因小失大。

说起当前的交通形势，保险费用真省不得。有了交强险，按理可以不用购买第三者责任险，但万一发生不测，在交通事故中导致他人死亡或重伤，而责任又在自己的话，面对几十万元的天价赔偿，交强险区区几万元的险额只是杯水车薪；为了省几百元的不计免赔险，一年下来，发现其实日常的小修小补的费用早就数倍于这一金额；明知道自己的车电路、油路都有问题，却对价格不高的自燃险嗤之以鼻，万一哪天忽然"上火"，开销最起码也得几千元。

所以说，买保险是个学问，不考虑目前让人头痛的交通形势、自己的驾驶技术以及爱车的真实车况，一味地压缩保险费用，其实不仅省不了钱，还会超出养车支出的范畴，损失严重的可能导致家财尽失。

84 养成省油的驾驶习惯

油耗高低在很大程度上与驾驶者的驾车习惯有直接的联系。据调查，同样一辆车，由不同的驾驶员来驾驶，耗油量可相差 8%～15%。那么在驾驶习惯上，我们如何能做到"节能减排呢"？以下的开车"九不要"或许就是我们平时应该注意的细节，它们可能看起来很微小，很平常，但是综合起来，就能为你节省不少的油，也减少了对环境的污染。

怠速时间不要太长

车辆怠速，一般有两种情况。一是有热车习惯的车友，车子启动后，会原地怠速停留一会；另一种情况就是等红灯，或是停车等人的时候。

其实，车子启动后在原地停留超过 1 分钟，会对发动机产生很大的损耗，不但增加了发动机故障风险，也增加了二氧化碳排放。而且，原地热车还会使排气管内的积水无法排出，导致排气管生锈甚至被腐蚀穿孔。而长时间怠速同样会增加油耗和环境污染。实验证明，发动机空转 3 分钟的油耗足够让汽车多行驶 1 千米。为减少尾气排放，停车即刻熄火的做法目前在欧洲已作为交通法规强制实施。

车子启动后其实不需要原地热车，只要在刚启动时不马上加速，慢行几分钟让引擎热起来，再均匀加速就可以了。而在等红灯或者等人时，只要超过 1 分钟或是堵车怠速 4 分钟以上，请马上关掉引擎，因为即使只等 1 分钟，重新启动也比怠速要省油。

汽车车况不良会导致油耗大大增加，而发动机的空转也很耗油。通过及时更换空气滤清器、保持合适胎压、及时熄火等措施，每辆车每年可减少油耗约180升，相应减排二氧化碳400千克。如果全国1248万辆私人轿车每天减少发动机空转3~5分钟，并有10%的车况得以改善，那么每年可节油6.0亿升，相应减排二氧化碳130万吨。

加速不要猛踩油门

在老司机的省油秘籍中，轻踩轻抬油门是最常见的一项。一次猛力加油与缓慢加油相比，要达到同样速度，油耗会相差12毫升左右，而每千米会造成0.4克的多余二氧化碳排出。另外，急加速造成轮胎与地面强烈摩擦，所产生的噪音污染会是匀速驾驶时的7~10倍，轮胎磨损增加70倍，追尾风险增加4.3倍。而猛抬油门，会使发动机转速突然降低，产生的牵阻作用会抵消一部分行驶惯性，并使汽车产生"颤动"，从而使耗油量增加。因此，开车时请尽量避免一脚深一脚浅。

不要低转速换挡

很多老司机开车省油，其中功夫就体现在换挡时机的把握上。要想车子获得最佳的输出动力，发动机、加速踏板和挡位的默契配合十分重要，而只有发动机在2000~3000转/分钟时，才能获得不错的效果。试验发现，当发动机在2000~3000转/分钟之间换挡时，扭矩比转速不足或空转时大1.4%，此时发动机的磨损能减少2.6%。

所以，多关心转速表，很多时候比关心车速表更重要。如果是新手，就请副驾帮你多盯着些。

不要低挡行车

较低的挡位意味着较高的发动机转速和油耗。有研究数据表明：路况相同、速度均等的条件下，4、5挡的爱好者平均油耗仅为7.9升；3、4挡的爱好者油耗为9.1升，而开2、3挡的油耗会是多少？11.7升！

所以，如果现在还在埋怨自己的车油耗高，那么尽量用高挡位吧。

不要频繁变道

实验证明，汽车转弯比直行更费油。这是因为转弯时阻力增加，车辆会多消耗能量。通过弯道时常要加减挡，而每次换挡也都会多耗油。不要小瞧这多耗的一点油，积少成多会是一笔不小的开销。

其实频繁变道与过弯的情况比较类似，变线需要频繁改变速度、急加速、刹车，从而使大量的燃油在完全没有发觉的情况下变成没有充分燃烧的有害尾气。

频繁变道不仅增加了油耗，还加大了事故发生的几率。在堵车时，你会发现，乱插队的车不一定就比别的车跑得快。所以即使是在堵车的时候，也请耐心排队，别乱插队。

不要把车速放得太低

很多人会认为车速慢就能省油，实际上，最省油的方法是匀速行驶。在风速低时，最省油的时速是 70～90 千米之间。车速低时，活塞的运动速度低，燃烧不完全。而车速高时，进气的速度增加导致进气阻力增加，从而使耗油增加。

因为城市道路限速一般都在 90 千米/小时之内，所以即使在车少的情况下，也应保持匀速行驶。另外，开车时千万别打手机，因为边开车边打手机，势必会降低你的车速，增加了油耗，更不安全。

不要急刹车

每一脚急刹车的成本至少是 1 毛钱，这并不骗人，其中包括汽车的发动机油嘴刚刚喷出的新鲜汽油以及刹车片刻的损耗和轮胎损耗等。更有害的是，90% 以上的追尾都是由前车急刹车造成的。

刹车实质上是一种能量转化的过程，制动意味着能量的消耗，而急刹车更是意味着更多能量的消耗。在城市道路上，时停时走的行驶状况会特别耗油，所以在通过交叉路口、下坡时，都应提前抬起油门，使汽车自然减速达到"以滑代刹"的目的，尽量减少急刹车。

高速行驶时不要开窗

行驶时开窗会增加车的阻力，阻力的增加势必会消耗汽油，所以在开车时尽量不要开窗。有实验表明，打开车窗，风阻将至少提高30%，如果车速高于70千米/小时，开窗的风阻消耗将超过空调系统的燃油消耗。

行驶时开窗的效果，基本上和车顶上加了面帆的效果类似，所以在时速70千米以上或风较大的时候，尽量关窗行车，在高速公路上开车，嫌热的话可以开空调。

不要忘记检查胎压

轮胎就是汽车的脚，如果脚出了问题，车子又怎能跑得快、跑得好。在实际生活中，过高或者过低的胎压都会增加汽车的油耗，而且还会影响轮胎的使用寿命和车辆的行驶安全。经测试，符合规定要求的胎压，可以降低油耗3.3%；若轮胎气压降低30%，当汽车以40千米/小时的速度行驶时，轿车油耗会增加5%～10%。

我们要养成上车前看一眼轮胎的习惯，最好随车装备一个测压计，隔三差五地检查一下车子的胎压。如果没有测压计，也要记得定期去汽车店测一下胎压。

85 怎样用家庭用品保养家用汽车

家里的车一般都在专业的汽车"美容"店做清洁保养，但是长期下来这也是一笔不菲的费用，所以很多车主选择平时自己擦擦车，过一段时间再去专业店保养；如果买汽车专用的清洗用品，价格也挺贵的，其实，很多家庭常用的清洁用品也可以用来清洁汽车，效果也相当不错。

肥皂清洗真皮座椅。

真皮座椅怕硬物划伤，更怕化学清洗剂的腐蚀。到汽车美容店去做清洗，

多用泡沫类去污剂，干燥后皮面变硬，而且会有微小裂纹。其实完全可以用腐蚀性极小的透明皂，不但去污性好，而且干燥后皮面柔软有光泽。具体做法是用温水浸泡干净软毛巾，将肥皂适量、均匀地打在毛巾上，然后轻轻擦拭座椅（褶皱处可反复擦拭）。擦完通风晾干，以清洗过后不含肥皂的湿毛巾擦拭两遍即可。此法去污，皮面干净蓬松，清新如初。此法也适用门内饰和仪表盘处塑料件。其原因是肥皂（香皂）去污性强，且对人体皮肤无刺激，对真皮件更实用。

用牙膏去除划痕。

光亮的车漆无意间常常浮现道道划痕，为此到汽车美容店推沙腊划不来，其实采取牙膏打磨的方法去除较轻微划痕，效果不错。可以先把划痕处以清水洗净，然后取一干净布或毛巾，沾牙膏少许在划痕处反复轻轻推擦，待划痕消失或减弱后即可用湿巾抹干。道理很简单，牙膏本身就是一种清洗牙齿的研磨剂，不伤人体更不会伤漆。

用风油精去不干胶贴。审车后贴在挡风玻璃上的各种证极难去除，可以在不干胶贴背面涂上风油精（浓一点），等晾透后以干布用力擦即可脱落，不留痕迹。这个方法适用于各种商品上粘贴的不干胶商标，原因是风油精能够融解不干胶有效成分。如无风油精，牙膏替代亦可，只是效果稍差些。

滑石粉化解门封条黏结。雨后汽车门封条潮湿，极易与漆面黏连，开门时伴有"吱啦"声。将一把滑石粉（小孩用的痱子粉也可以）涂在门内橡胶缝条上，这种情况就可以消除，门开闭自如，没有异响。这个方法也适用于处理家中冰箱、冰柜门封条的异响。

86 外出旅游巧节约

假期的时候，全家人一起出去旅游，欣赏美丽的风景，品尝风味独特的地方特产，既增长见识又放松了心情，怎样才能让外出旅游既开心又节省不必要的花费呢？

出游地的选择。

切莫轻信天花乱坠或闪烁其词的广告宣传，随团出游必须选择透明度高、信誉佳、服务好的旅行社。这样，你的行程就有保障。否则，按计划乘坐的豪华大巴就可能成为普通客车，下榻星级宾馆改为入住招待所，六菜两汤变为四菜一汤。国内外都有不少大景套小景、大园串小园的景区，进大门须购门票，看小景也得买票，有些门票是游客自理的。对此，你应酌情考虑，对不感兴趣或认为无观赏价值的景物，敬而远之。盲目漫游，腰包再厚也很快会被掏空。

如果你不想花太多的钱，又要旅游好，那么首先要善于利用时间差去节约。一是避开旺季游淡季。一般来说，淡季旅游，不仅车好坐，而且由于游人少，很多宾馆在住宿上都有优惠，可以打折，高的可达50%以上。仅此一项，淡季旅游比旺季在费用上起码要少支出30%以上。二是计划好出游的返回时间，提前购票，或同时购返程票。如今一些航空公司为了揽客已作出提前预订机票可享受优惠的规定，而且预定期越长，优惠越大，与此同时，也有购往返票的特殊优惠政策。在预订飞机票上如此，在预订火车、汽车票上也有优惠。如预订火车票，票买得早，可免去临时买票的各种手续费用。三是在旅游时，要精心计划好玩的地方和所需时间，尽量把日期排满，因为多待一天就多一天的费用。

做好充足的准备，才能从容不迫地出行。

根据你要去地方的天气状况准备好衣物，如果是海南，就不要忘了带些薄衣物；去东北，最好带上厚的羽绒服；当然，替换的衣物可根据你去的天数来定。其次，像预防感冒、闹肚子、蚊叮虫咬的药也是必备的，有心脏病、哮喘等疾病者还要带上自己的常用药。整理好这些以后，你还要考虑一些零碎的东西，比如餐巾纸、湿巾、手纸等；爱好摄影的朋友当然要带上相机，同时也要带上相机的充电器，最好还准备些干电池，以防相机没电时不能马上充电。千万别忘了带身份证等必备的证件以及纸笔等小物件，万一有什么用途你不会抓瞎。出门在外，可千万别忘了带通讯录；最后，也是最重要的，带上现金。

87 节俭旅游的窍门

周边游。周末休闲时间不跑远，否则来去匆匆，没能尽性，倒浪费车钱，不如就近游玩，一样愉悦身心、陶冶性情。

现在很多城市都发放促进旅游的消费券

出游前多做"功课"。想要玩得尽兴，出门前做足功课很重要，不走冤枉路，不花冤枉钱。

少长途多短途。短途比长途节省一大笔路费，而且一样达到了开阔胸襟、增长见识的目的。

淡季出游。旅游旺季景点游人如织，景虽好，但住宿、门票、机票、吃喝等都极少有折扣。淡季出行折扣多，可避开人潮，能看到旅游地别样的风景，未尝不是一种好的选择。比如，冬天下雪后的九寨沟风景绝对与旺季不同。

多选择自助游。凭腰包决定吃住行，丰俭由己，自由个性，且不会超支。

机票上找便宜。提早预订机票会拿到较低折扣；上网搜索，看是否有人转让旅游券，以此预订机票，能在特价上打折扣。

在住宿上找便宜。不住价高的酒店，出行前预订一家口碑好的青年旅馆，方便又不贵。比如拉萨的青年旅馆，每天只需 15 元。

寻找搭车信息。在青年旅馆的粘贴板上寻找搭车信息，可以节省路费。

结伴出游。约平日要好的朋友、同事，或者上网发帖邀请志同道合的"驴友"们集体出游。可以包车、团购景区的门票，游玩时热闹又经济。

做沙发客。当沙发客省住宿费是绝对的，有一点提醒你，沙发客不一定次次睡沙发，假如主人高兴，他很可能将一间起居室让给你呢。还要注意一点的是，提高防范意识，当心上当受骗。

88 住在宾馆也要注意节约

出门旅游，很多人喜欢住宾馆，服务员把东西都收拾得干干净净，毛巾、浴巾、床单天天换，房间有一次性的洗漱用品，用完就扔；自己只需要高高兴兴地出去玩好吃好就行。很多人住宾馆时在家的节约观念就没有了，即使是白天，灯也大部分甚至全部开着，不管有用没用；电视机从进屋到睡觉都一直响着，不管有没有人看，甚至连出去玩都不关；水龙头拧至最大，水哗哗地流着，只是为了冲一下水果……记住，这样浪费的虽然不是自己的钱，却浪费了地球的资源，加剧了地球的污染。我们不管去到哪里，都要有节约的习惯，从自己做起，从小事做起。

出门旅游尽量自己携带牙膏、牙刷、梳子等日用品，少用或者不用宾馆里的一次性用品。牙膏、香皂是酒店里浪费最严重的一次性物品，尤其是一次性香皂，入住一天一般只使用 1/4 左右，剩下的就连同包装一起扔掉了，第二天再换新的。牙膏、沐浴露等也是如此，实在是浪费，可惜！

欧美发达国家、东南亚地区以及中国的香港、澳门，早就不提供一次性日用品服务了。在这些国家和地区的宾馆、酒店的客房里，连桶里的垃圾袋都没有放置。而洗漱用品也不是放在公共区域任意拿取，如果客人向店方索要，是要付费的，这笔费用用于支付环保回收。

另外，提倡减少住宿宾馆时的床单换洗次数。床单、被罩等的洗涤要消耗水、电和洗衣粉，而少换洗一次，可省电 0.03 度、水 13 升、洗衣粉 22.5

克，相应减排二氧化碳 50 克。如果全国 8880 家星级宾馆（2002 年数据）采纳"绿色客房"标准的建议（3 天更换一次床单），每年可综合节能约 1.6 万吨标准煤，相应减排二氧化碳 4 万吨。

最后，和在自己家一样，在宾馆也要随手关灯、关电视，节约用水。

89 尽量不用一次性生活用品

现在生活节奏加快，为了节省时间，出现了很多一次性的生活用品。外出吃饭，有一次性筷子、一次性饭盒、一次性纸杯、一次性纸巾，用完就丢弃。10 年前商场卖的图案精美的手绢已经难觅踪迹，塑料袋的使用处处可见……这些一次性用品方便了我们的生活，但是，你知道它们对资源的浪费和对环境的危害有多大吗？

以一次性纸杯为例。纸质杯子方便携带和使用，价格低廉，是许多家庭和公共场所常见的喝水工具。制造纸杯消耗木材造成浪费这不用再说，劣质纸杯采用再生聚乙烯，在再加工过程中会裂解变化，还会产生许多有害化合物，在使用时更易向水中迁移。纸杯在生产中为了达到隔水效果，会在内壁涂一层聚乙烯隔水膜。聚乙烯是食物加工中最安全的化学物质。但如果所选用的材料不好或加工工艺不过关，在聚乙烯热熔或涂抹到纸杯的过程中，可能会氧化为羰基化合物。羰基化合物在常温下不易挥发，但在纸杯倒入热水时，就可能挥发出来，所以人们会闻到怪味。长期摄入这种有机化合物，对人体一定是有害的。

还有一次性纸巾。如果说 10 年前人们还习惯用手帕的话，那么现在，取而代之的是大量的一次性纸巾的消费。对此现象，环保专家指出，餐巾纸、面巾纸确实方便，但如果不节制地使用，也有很多危害。纸张过度消费的结果首先是消耗大量木材，造成生态破坏，因为生产 1 吨纸需要砍伐 17 棵 10 年生大树；其次是环境污染，餐巾纸的一次性使用会产生大量垃圾；纸浆生产过程中的废水排放是水环境最大的污染源之一，占到城市水污染的 30% 以上；部分餐巾纸含有荧光增白剂、氯等有害身体健康的化合物，其生产过程中化学反应所产生的烈性毒物，可导致肝癌。用手帕代替纸巾，每人每年可减少耗纸约0.17千克，节能0.2吨标准煤，相应减排二氧化碳0.57千克。如果全国每年有10%的纸巾被手帕代替，那么可减少耗纸约2.2万吨，节能2.8万吨标准煤，相应减排二氧化碳7.4万吨。

最后还有塑料袋。塑料袋的确给我们生活带来了方便，但是这一时的方便却带来长久的危害。塑料袋回收价值较低，在使用过程中除了散落在城市街道、旅游区、水体中、公路和铁路两侧造成"视觉污染"外，它还存在着潜在的危害。塑料结构稳定，不易被天然微生物菌降解，在自然环境中长期不会分离。这就意味着废塑料垃圾如不加以回收，将在环境中变成污染物永久存在并不断累积，会对环境造成极大危害。其一，影响农业发展。废塑料制品在土壤中不断累积，会影响农作物吸收养分和水分，导致农作物减产。其二，对动物生存构成威胁。抛弃在陆地上或水体中的废塑料制品，被动物当做食物吞入，会导致动物死亡。报上曾经报道青海湖畔有20户牧民共有近千只羊因此致死，经济损失约30多万元。羊喜欢吃塑料袋中夹裹着的油性残留物，却常常连塑料袋一起吃下去了，由于吃下的塑料长时间滞留胃中难以消化，这些羊的胃被挤满了，再也不能吃东西，最后只能活活饿死。这样的事在动物园、牧区、农村、海洋中屡见不鲜。其三，废塑料随垃圾

爱护环境，请尽量使用环保购物袋

填埋不仅会占用大量土地，而且被占用的土地长期得不到恢复，影响土地的可持续利用。进入生活垃圾中的废塑料制品如果被填埋，200 年不会降解。

尽管少生产 1 个塑料袋只能节能约 0.04 克标准煤，相应减排二氧化碳 0.1 克，但由于塑料袋日常用量极大，如果全国减少 10% 的塑料袋使用量，那么每年可以节能约 1.2 万吨标准煤，相应减排二氧化碳 3.1 万吨。

我国人均资源少，大量使用一次性用品加快了资源的消耗，所产生的垃圾造成了严重的环境污染。不可降解的一次性生活用品产生的垃圾，埋在土壤中几百年不腐烂，严重影响耕地。

所以，我们要用塑料饭盒代替纸饭盒；用瓷杯、玻璃杯代替纸杯；上街购物自备购物布袋，少领取塑料袋；外出就餐自备筷子和勺子，既卫生又环保；用手帕代替纸巾；尽量重复使用旧塑料袋等。这些好的习惯养成，需要我们克服自身的惰性，坚持下去，并用自己的行动和宣传影响身边更多的人。

90 旅游省钱攻略

吃：外出旅游不能错过品尝当地的特色食品，味道正宗价格便宜，但最好不要在旅游点购买，到所住地街道店铺去买才不会被"宰"。旅途中，如果知道了第二天午饭要在一个前不着村、后不着店的地方吃饭，就应买好足够的午餐食品和饮料，这将节省几倍于自带食品的价钱。

住：出外旅行，住的旅馆好坏将影响旅游质量，也影响到费用的支出。那么如何才能住得好，又住得便宜呢？首先可在出游之前打听一下要去的地点，是否有熟人介绍或自己可入住的企事业单位的招待所和驻地办事处。如果有就首选这些条件较好的招待所和办事处，因为大部分的企事业单位招待所和办事处享有本单位的许多"福利"，且一般只限于接待与本单位有关的人。住在这种招待所和办事处，价格便宜，安全性也好。当然在选择招待所和办事处时，也要根据位置决定，如果不便于出行则不宜住。二是在没有适合自己的企事业单位招待所和办事处的情况下，就该把眼光瞄准旅馆。在选择旅馆时，要尽可能避免入住汽车站火车站旁边的旅馆，可选择一些交通较方便，处于不太繁华地域的旅馆。因为这些旅馆比火车站、汽车站旁边的旅馆要便宜得多。如今城市出租车发展快，住远一点没关系。如有条件在出游前可与信誉较好的旅行社联系，进行咨询并委托代订房间。出行前如果没有事先订房，就要先买张旅游交通图，查看住在哪里方便又便宜。若全家出游不超过 4~5 人，合住一间拥有席梦思床的双人房即可，可把厚床垫放在地上，两床并拢，两垫并拢即成两张大床。

玩：会玩也可减少支出。出门旅游，玩是一个最主要的目的，在玩上省钱是大有必要的。那么，如何省钱呢？首先对自己旅游的景区要有大概的了解，从中理出这个景区最具特色的地方在哪，必须要去的地方又在哪。在去观赏这些地方时，对一些景点也要筛选，重复建造的景观就不必去了，因为这些景点到处都有。其次是拿出一点时间，去逛大街，看看景区和城市的风土人情，因为这么闲逛不需要花钱买门票，也能玩出好心情，它可以让人长知识，也可以陶冶性情，这是旅游最大的目的。

行：交通费用是旅游中开销最大的一项，往往占总开支的一半以上。如果时间宽裕，坐火车硬卧最适宜，既比飞机便宜很多，又节省住宿费用，增添旅途内容；坐飞机的话，购机票前要先了解起飞时间与机型，到达目的地后，乘坐出租车前应大约知道路程和价格。

购：出门在外，买点地方特产和纪念品，体验异地消费情趣，是游人的普遍心理，怎样在旅途中购物，其实也是一门学问。（1）以地方特色作取舍。地方特色商品，不仅具有纪念意义，而且正宗，有价格优势，值得消费者购买。如杭州的龙井、海南的椰子、云南的民族服饰、西藏的哈达等，购买后留作纪念或送给亲朋好友，都是很美好的记忆。（2）以小型轻便为首选。有些特色商品，体积笨重庞大，随身携带很不方便，不宜购买。人在旅途，游山玩水、乘坐车船并不轻松，行李包越少越好。（3）切忌贪便宜。对于景区内及路边小店的土特产、纪念品，最好不买或少买。若决定购买，则应货比三家，讨价还价，才不至于吃亏。因为，景区内和路边小店出售的物品，价格一般比当地市镇商店贵得多。在某些风景区，经常可见有兜售假冒伪劣商

品的，如珍珠、项链、茶叶之类，有时自以为捡了便宜，回来后经过一番鉴别，大呼上当。想去退货吧，反反复复折腾一番不划算，只有自认倒霉的份了。（4）相信自己的判断。现在的旅游市场经过净化，大部分导游都能遵守职业道德，不会动游客钱袋的歪脑筋。但是，也有少数导游想尽办法把团队拉到给回扣的商店，任意延长购物时间，乐此不疲地为游客介绍、选购物品，殊不知这一系列的安排是一个大陷阱，游客被温柔地宰一刀却还被蒙在鼓里。在异地购物不要盲目轻信别人，切忌冲动从众，要相信自己的判断，管住自己的钱袋，学会自我保护，做个成熟的消费者。

校园篇

　　同学们一天中的很多时光都是在学校度过的。我们在学校学习知识，同时学习怎样做一个合格的社会人，学会对自己负责，对他人负责，对社会负责。我们在家庭中节约资源，不但是为了自己的小家，更是为了社会，为了国家；我们要把节约的行动延伸到校园，节约资源，着眼身边，立足校园；"勿以善小而不为，勿以恶小而为之"，从我做起，从小事做起，从身边做起，从现在做起。让我们一齐行动起来，建设节约型的美好校园！

91 校园里的节约小细节

　　在学校里生活久了，对很多事情都熟视无睹，其实从节约的角度来看，很多细节值得我们注意，值得我们去做。

　　做值日的时候，先洒点水，把地扫一遍，再擦桌子，然后拖地。洗拖把的时候不要把拖把往水池子里一放，让水哗哗直流地涮拖把，最好用一个桶来装水，一桶一桶地涮拖把，把干净拖把的水拧干，这样容易把地拖干净还可以省水；不要趁着做值日的时候玩水，打水仗。最后离开教室要记住关灯、关电扇或者空调。

　　看到走廊里的灯开着就要去关掉，看到卫生间的水龙头没关好要主动拧紧，如果发现水龙头漏水要尽快告诉管后勤的老师，及时修理。

　　可以把班里同学喝饮料的瓶子、易拉罐，用过的废作业本、废旧报纸收集起来，拿到废品收购站去卖，换来的钱作为班费积攒起来。

　　倡议使用铅笔、钢笔，圆珠笔、签字笔可更换笔芯再利用，尽量少使用

或不使用中性笔。中性笔因为书写流畅、使用便捷受到很多学生的青睐，但因其价格低廉，很多人用完一次就将笔杆与废笔芯一起扔掉，这就造成了大量的污染和浪费。

92 爱惜自己的课本

课本是我们学习的重要工具，使用率比较高，也容易磨损。开学不久，有同学的课本就已经卷边开线了；到了学期中间，有的人的课本已经破烂不堪甚至丢了，不仅给自己的学习造成麻烦，还是一种浪费。

新课本发下来最好包个书皮（不要买现成的塑料书皮，用旧挂历纸或者其他废旧硬纸），在平时使用的过程中要爱惜，不要乱涂乱画，期末的时候再一本本整理好，等到复习的时候再拿出来用；等不用的时候，可以作为循环使用的课本，送给贫困地区的学生使用。即使自己留着，若干年以后，当我们都成年的时候，拿出保护完好的课本看看，那也是一种温馨的回忆。有的同学新课本用了不到半学期，丢的丢，烂的烂，只好再买一本，这样的浪费对于我们形成良好的性格是非常不利的，要下决心改掉。

重复使用教科书，是大势所趋。减少一本新教科书的使用，可以减少耗纸约0.2千克，节能0.26千克标准煤，相应减排二氧化碳0.66千克。如果全国每年有1/3的教科书得到循环使用，那么可减少耗纸约20万吨，节能26万吨标准煤，相应减排二氧化碳66万吨。

当书本弄上油迹时，在油迹上放1张吸水纸，用熨斗轻轻地熨烫几遍，油垢即可被吸入纸内，使书页平整干净。

如果书本被墨水污染，可在染了墨水的书页下垫1张吸水纸，用20%的双氧水溶液浸湿污斑，然后在书页上再放1张吸水纸，上边压以重物，这样，墨水被过氧化氢溶解吸收，干后墨水迹也就自然消失了。

如果书本上有潮湿痕迹，可用明矾溶液涂洗。如果是铁锈斑迹，可用草酸或柠檬酸液擦去，然后用清水将书页洗一下，用吸墨纸压好，晒干即可。

人与环境知识丛书

93 养成节约用纸的好习惯

我们在学校学习，接触最多的就是纸了，作业本、演草纸等等，很多同学写作业时随意撕纸；空行、隔页，写错一个字就撕，写两张就扔，校园里纸张浪费现象相当严重。我们要节约用纸，并且大力提倡重复利用废旧纸。据统计，回收 1000 千克废纸，可生产 800 千克的再生纸，节约木材 4 平方米，相当于保护 17 棵大树。一个大城市如能将一年丢弃的近万吨的废纸全部回收利用，就相当于保护了数十万棵大树。这不仅节约了造纸的财力，还间接保护了森林资源，保护了地球上的生态环境。

写作业要认真，减少错误就可以减少纸的浪费；作业本最好用完再换新的；新学期，旧本子还没有用完，也可以把没用过的页订起来做草稿纸，考试卷的背面也可以用来做草稿纸。

绘画可以先用普通纸打草稿，因为图画纸的生产比普通纸对环境的污染更厉害。

减少不必要的用纸，如：擦玻璃尽量不用纸，可以用湿抹布和干抹布交替擦；尽量不要用餐巾纸等一次性制品；充分利用"废旧"纸张、旧挂历来包书皮。

同时，废纸回收，用做造纸原料，也是节约纸。回收废纸，不仅可以保护森林，还能节约水和燃料，减少造纸产生的污水、废气和固体废弃物对环境的污染。

用电子书刊代替印刷书刊。如果将全国 5% 的出版图书、期刊、报纸用电子书刊代替，每年可减少耗纸约 26 万吨，节能 33.1 万吨标准煤，相应减排二氧化碳 85.2 万吨。

减少送贺卡，就是拯救森林，所以，我们应该改变节日送贺卡的习俗。在互联网日益普及的形势下，用 1 封电子邮件代替 1 封纸质信函，可相应减排二氧化碳 52.6 克。如果全国 1/3 的纸质信函用电子邮件代替，那么每年可减少耗纸约 3.9 万吨，节能 5 万吨标准煤，相应减排二氧化碳 12.9 万吨。

打印节纸的窍门

一张 A4 或 B5 的打印纸虽不起眼，但由于使用量大，所以在使用的时候还是要以节约为本。

一是缩小页边距和行间距，缩小字号。正式文件一般对字号、间距有严格的要求，但是在非正式文件里，可适当缩小页边距和行间距，缩小字号。可"上顶天，下连地，两边够齐"，对于字号，以看清为宜。

二是纸张双面打印、复印。纸张双面打印、复印，既可以减少费用，又可以节能减排。如果全国 10% 的打印、复印做到这一点，那么每年可减少耗纸约 5.1 万吨，节能 6.4 万吨标准煤，相应减排二氧化碳 16.4 万吨。

三是打印时能不加粗、不用黑体的就尽量不用，可以节省油墨或铅粉。

此外，能够用电脑网络传递的文件就尽量在网络上传递，比如电子邮件、单位内部文件等，这样下来也可以节约不少纸张。

94 老师办公室的节能妙招

夏季办公楼空调温度设置于 27℃～28℃；使用空调时关好窗户；下班后关闭办公室空调或抽风机之类的。

减少电脑主机、显示器、打印机、饮水机、复印机、碎纸机等办公设备的待机能耗，长时间不使用时关闭电源。在办公自动化设备相当普及的今天，公务员、职员日常工作中关闭电脑主机后不关显示器、打印机等电源开关的现象也十分普遍，殊不知由此造成了大量的待机能耗：电脑显示器的待机功率消耗为 5 瓦，打印机的待机功率消耗一般也达到 5 瓦左右，下班后不关闭它们的电源开关，一晚上将至少待机 10 小时，造成待机耗电 0.1 度，全年将因此耗电 36.5 度。按照国内办公设备保有量电脑 1600 万台、打印机 1894 万台测算，若及时关闭电源减少待机，则每年可节电 12.775 亿度。

另外，随手关灯，杜绝白昼灯、长明灯，减少使用一次性文具，纸张正反面打印，采用无纸化办公，采购节能产品和设备都是办公室节约的重要方面。

95 改变生活方式，节约能源

夏天的晚上尽可能多到户外走走，到公园散散步，一家人聊聊天，看看城市的夜景，比起在家中关门闭户吹空调看电视，既加深了家人之间的感情，又可以呼吸室外的新鲜空气，锻炼身体的同时还可以省电，何乐而不为呢？现在的人对空调太过依赖了，冬天要有暖气，夏天要有冷气，长此以往，人类自身的温度调节功能会退化。

很多人在办公室上班，对着一台电脑一坐就是一天，下班后回到家又沉溺于看电视、打网络游戏，在网上聊天等娱乐休闲方式，一坐又是几个小时，对身体健康非常不利。还有人一说要放松娱乐，就是去 KTV 包房唱歌，那种地方室内空气不流通，而且话筒、沙发等设施极易造成细菌的交叉感染，还是少去为好。还有的人一和朋友聚会就是去餐馆大吃大喝，喝酒伤身，老是吃油腻的东西伤胃，何不寻找健康、文明、节俭的休闲方式呢？

家是一个温暖的港湾，白天家人纷纷出门，上班上学，难得晚上团聚在一起，我们可以关掉电视，离开电脑，围坐在灯下，一起说说谈谈自己一天的见闻、感受，表达相互的关心和支持，不要让现代化的生活方式隔离了我们的亲情！或者将每周的某一天设为阅读日，找一本老少皆宜的好书，大家轮流朗读，随着文字带来的神奇魔力，展开我们的想象力，让思绪飘到远方，这是一种多么好的精神放松和解放！

在晴朗的假日里，和家人或者朋友一起骑上自行车，边行边看风景；到公园逛逛，放放风筝，打打羽毛球；或者到近郊的小山上，小树林里，小河边，草地上欣赏风景，做做游戏，钓钓鱼，运气好的话，钓上的鱼可以成为中午的盘中美味呢！中午，拿出自带的挂面、鸡蛋，还有锅、碗、瓢、盆，捡来树枝枯叶，洗干净挖出的野菜，煮上亲手钓的鱼，在地上铺一块桌布，一起分享午餐。当然，走的时候别忘了把垃圾带走！